"家有萌宠"系列图书

狗狗家庭护理百科

GOUGOU JIATING HULI BAIKE

郭锐 主编

云南出版集团 晨光出版社

图书在版编目（CIP）数据

狗狗家庭护理百科 / 郭锐主编． -- 昆明：晨光出版社，2018.8
（"家有萌宠"系列图书）
ISBN 978-7-5414-9788-9

Ⅰ．①狗… Ⅱ．①郭… Ⅲ．①犬－驯养 Ⅳ．① S829.2

中国版本图书馆 CIP 数据核字 (2018) 第 161466 号

狗狗家庭护理百科

GOUGOU JIATING HULI BAIKE

郭锐　主编

出 版 人	吉 彤
策　　划	吉 彤 温 翔
项目执行	金版文化
责任编辑	杨亚玲
装帧设计	金版文化
邮　　编	650034
地　　址	昆明市环城西路 609 号新闻出版大楼
出版发行	云南出版集团　晨光出版社
电　　话	0755-83474508
印　　刷	深圳市雅佳图印刷有限公司
经　　销	各地新华书店
版　　次	2019 年 1 月第 1 版
印　　次	2019 年 1 月第 1 次印刷
书　　号	ISBN 978-7-5414-9788-9
开　　本	711mm×1016mm　1/16
印　　张	13
定　　价	45.00 元

目录

你了解我吗

你准备好了吗

你会如何照顾我

CONTENTS

Part 4

内外兼修，争做"绅士淑女"

Part 1

你了解我吗

无论是干旱的沙漠还是冰天雪地的北极，

无论是广阔的冰原带还是葱郁茂密的丛林……

只要有人类朋友在的地方，

都有我们**不离不弃的身影。**

我们是谁？我们来自哪儿？

亲爱的主人，你了解吗？

追溯我遥远的祖先

在6000万年以前，森林中出现了一种体形小、貌似鼬鼠的动物，它的身体长而柔韧，长尾、短腿，称为细齿兽。它不仅是我们的祖先，同时还是其他一些动物，如浣熊、熊、鼬鼠、鬣狗和猫的早期祖先。它像熊一样用脚爬行，脚有五个分离的脚趾，牙齿是典型的食肉动物牙齿。

大约在3500万年前，这种细齿兽已进化成多种早期的犬科动物。经科学查知，我们祖先中的一些类熊狗是类鬣狗的后代，生息繁衍至今。

而真正的犬科动物——我们的祖先，则首次出现在500～700万年前。它们开始用四个脚趾行走，第五趾成了残留趾，有点像今天有的犬的飞爪，并且趾间紧靠，这种构造适合于奔跑，更适宜于捕捉猎物。

大约在100万年前，出现在东亚的一匹狼，则是我们的直系祖先。自此，在人类朋友的养护下，我们逐渐变成现在的模样。

正因为是狼的后代，所以吠叫是狗传承自狼的一种行为习性，常作为联系同伴的"语言"。随着与人类共同生活不断进化，吠叫也成为我们与人联系和表达情感的一种方式。我们的同类有大有小，所以叫声也有高有低，但节奏和吠叫的方式基本是一样的。吠叫可以表达哭闹、伤心、寂寞、哀怨、悲伤、不开心、伤痛、痛苦、高兴、催促、报信、威胁、愤怒、仇视、警觉等不同情感。

在远古时代，我们是肉食性动物，以捕食小动物为主，后来在人类的驯化和长期影响下食性发生了较大改变，变成以肉食为主的杂食性动物。

我们天生好群居，且有明显的等级习性，保护同伴，敬畏领袖。处于首领地位的是头犬，它带领群体活动，支配、管辖着群体。头犬的首领地位通过争斗获得。而在现代生活中，我们的主人就是领袖，如果一个陌生者（人或狗）被我们团队领袖无敌意地接受，我们一般也同样接受。

自我们的祖辈开始，就有明显的领地习性，习惯以尿或气味来标记"势力范围"，且经常更新，以此来向其他动物示意自己的"领地"，警示其他动物不得侵入。

华夏历史上的足迹

中华上下五千年的历史文明，以其盎然不息的生机始终绵延在华夏大地上，默默前行，悄然记载着这个民族过去经历的活动。翻开历史的记录册、诗词作品，琳琅满目，灿若星辰，而在那书籍的一角、诗词的某一行中，你总会发现与我相关的字眼。"旧犬喜我归，低徊入衣裾"是诗人杜甫对我喜爱之情的流露，"唯有中林犬，犹应望我还"是诗人费冠卿对我忠诚之心的肯定，"荒径已风急，独行唯犬随"是诗人梅晓臣对我不离不弃的欣慰和感动。除此之外，那些在历史的沿途中所留下的碎片古迹依旧能发现我们的身影……

🐾 雷州半岛兴石狗崇拜

据学者朱积孝记录，汉代设有训管狗的官职"狗监"，大文学家司马相如的乡友杨得意和汉武帝的幸臣李延年都曾做过"狗监"的职差。南北朝给狗加以封爵，有"狗夫人""郎君"等爵号。汉武帝建有"犬台宫"。东汉末年的灵帝更是爱狗爱得发狂，史称他于"西园弄狗，著进贤冠，带绶""王之左右皆狗而冠"。唐朝皇帝给狗盖有华丽的屋舍，叫作"狗坊"。与养狗之风相伴而来的是相狗业的兴起。

在中国大陆的最南端，广东的雷州半岛，石狗文化正越来越绽放出夺目的光芒。在当地的博物馆中，可以看到各色各样的历代石狗文物；在许多祠堂等建筑物门前，石狗仍与人们的日常生活时时相伴，它们刻着"敕令敢当"的字样和"八卦图"，踩着"绣球""雷鼓""仙境""法网"与"法绳"，显示驱邪治魔的神威。石狗原先只是安置在门口，后来逐渐发展为安置于巷头、村路旁，再扩展成守山坡、守江河、守田洋、守坟地。凡是人们觉得某地有凶相，都安置石狗，或洒黑狗血以镇之。

现在已经成为国家级非物质文化遗产的雷州石狗，起源至少可以追溯到唐代以前。它是雷州先民崇拜雷神和狗图腾的信念的综合反映。雷州自古流传的每年三次的敬雷活动，都包含了向石狗供奉香火的内容，以祈求为家门呈祥报喜。

雷州文史学者陈志坚认为，石狗文化与早期"徭僮人"，以盘瓠（即五色狗）为图腾的习俗有关。作为雷州的早期先民，俚僚人大约在殷周之际就迁徙至雷州，他们崇拜雷神，依托雷神的庇佑，开荒拓展，繁衍生息。春秋时期楚灭越后，徭僮人相继迁雷，与俚僚人杂居相处，成为雷州的古越族，俗曰南蛮。雷州的石狗文化，就是从这种"俚僚人对雷神的崇拜与徭僮人对狗图腾的信奉"的综合作用下发展起来的。

陈志坚还指出：犬能呈祥报喜，生贵子，是人们的迫切心愿，因此，石狗雕刻硕大的生殖器，显示雄者的阳刚之气，是人们追求繁衍生息发展的崇拜灵物。

专家指出，长期以来，我国西南苗、瑶等少数民族都将盘瓠奉为本民族开天辟地的始祖而传颂，较系统的有关盘瓠传说的文字记载始于 3 ～ 5 世纪。

此外在《山海经》中就有关于犬戎与犬封之国的记述。从地理方位讲，犬封国、犬戎国应当在我国西北地区。但遗憾的是关于这些部族留下的文献记录太少了。

🐾 中国或最早使用军犬

学者魏锁成指出：犬的驯养与役用是人类认识和生产史上的一次飞跃，为人类驯化饲养其他动物成为家畜积累了有益的经验，"由于犬的报警和帮助，减少了野兽和其他许多自然灾害对人类的危害，有助于人类的繁衍和发展，对于人类走出野蛮的幽谷和在史前文化发展史上无疑做出过突出的贡献"。

狗在人类早期社会中的地位非常重要。学者武庄归纳，狩猎、看家、食用、祭祀和随葬时都少不了狗。在早期墓葬中，发现了大量殉狗的遗迹。这种风俗可能既有驱邪、警戒的考虑，也是人们期望忠犬在另一个世界中仍能陪伴主人的体现。

有学者发现，"商代稍为大型的墓葬，犬常被埋于尸体下的腰坑，以便永久陪伴主人于地下"。商代对殉狗的需求量之大，让一些学者推断很可能导致当时出现了专门提供犬牲的专业养狗户。

从很早开始，狗就成了人们的好帮手。从被驯化，到周秦之际，当时繁荣的狩猎经济给了它们大展身手的极大空间。在这一长达数千年的时期中，猎犬伴随主人捕捉猎物，帮助主人获得食物，是它们对人类而言最大的价值所在。《吕氏春秋》说："齐有好猎者，终日不得兽，入则愧其友。推其所以不得兽，狗恶故也。欲须良狗，家贫不能得，乃还疾耕，疾耕则家富，家富则有良狗，有良狗则数得兽矣。"

既然是猎犬，自然要能捕捉尽量多的猎物，但中国古人养狗，至少在早期，也有抓老鼠的目的。这在《吕氏春秋》等古籍中都有不少记载。四川三台县的汉代崖墓中就有狗捉老鼠的画像，画像中，一只狗正得意地叼着一只老鼠，老鼠的尾巴在狗嘴外垂着。今天我们用"狗拿耗子"来指代多管闲事，而在当时可是没有此种说法的。

而与今天的军犬和警犬类似的战斗犬的历史也很悠久。魏锁成认为，战争中使用猎犬的历史，可以上溯到早期社会氏族部落之争的时期，古代神话传说称在上古高辛氏（帝喾）时，戎国作乱，高辛氏蓄养的一只五色狗名"盘瓠"者，深入敌人内部，咬死戎王，衔其首而归。这当中可能就蕴含了犬在远古就被用来作战的史实。相传夏朝太康失国，少康中兴，恢复夏祚，就有赖于猎犬之助。战国时也有人用犬来传递情报击败对方的记录。五代时，"契丹兵围晋将张敬达，四面有犬掩伏，晋军有夜出者，犬鸣报警，终无突围者，为契丹所败，晋将张敬达被杀"。由此，星象上的"天狗星"也被认为与兵事、征伐等有关。

　　此外，汉字中狡、猾、突、犯、狠、猛、猜等与暴力、心计、攻击等有关的字都归入"犬"部，也就比较容易理解了。我国应当是最早使用战斗犬的国家之一。

我的家族，
我的亲人

拉布拉多寻回犬——盲人朋友贴心的导航仪

　　我是拉布拉多，我是《马利与我》中调皮欢脱、单纯可爱的马利，我是《导盲犬小Q》中那个在导盲犬训练中心度过平凡一生的小Q，我是《神犬小七》中与周围朋友同甘共苦、乐于分享的小七，我是《人狗奇缘》中愿用尽所有爱和精力去守护兄妹俩的心心……你若问我此生的使命是什么，答：忠诚于我的主人。

　　我的故乡是加拿大的纽芬兰，祖先最早诞生于十九世纪初，曾是当地渔民拉网上岸的好帮手。作为寻回猎犬中单独的一类，我是在1903年首先由英国养犬俱乐部承认的。1920年末到1930年，随着英国犬的大量涌进，我的优势便很明显地发挥出来了。在之前的英国，没有一只拉布拉多寻回猎犬能成为展示比赛的冠军，因为没有参赛资格，除非它有工作执照，能明确证明在这一领域也有资格。1930年开始，狩猎和育种者们于1931年成立了俱乐部，同时在展示比赛中展示了他们繁育的犬，并取得了明显的成绩。

　　我头部清爽，而且头部线条分明，宽阔的头顶使脑袋看起来颇大。耳朵适度垂挂在头部两侧，略靠后。眼睛大小适中，颜色多为棕色、黄色或黑色，神态显得十分善解人意。颈部长度适中，不太突出。肋骨扩展良好，两肩较长，稍具斜度。胸部厚实，宽度和深度良好。前脚自肩膀以下至地面挺直，趾头密实拱起。后脚踝适度弯曲，四肢长度适中，与身体各

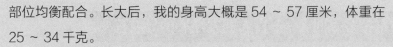

部位均衡配合。长大后，我的身高大概是 54 ～ 57 厘米，体重在 25 ～ 34 千克。

　　我的皮毛是双层的，一层柔软的绒毛，使我能够在寒冷的水里保持温度，一层厚硬的外层毛，具有防水功能。我的被毛应短而密实，无卷毛现象。毛色多为黑色、黄色和巧克力色三种。有的犬全身为黑色，胸前有一小块白毛；有的犬黄色的被毛范围可从红棕色至淡奶油色，掺杂在耳部及下层毛或尾巴的里层毛中；有的多掺杂淡巧克力色和深巧克力色。

　　我的胃口相当不错，平常喂我一些狗粮或饼干，再配以水就可以啦。因为本汪是易发胖的体质，所以要保证每天 2 ～ 3 个小时的运动。在户外晒晒阳光浴、和主人嬉戏玩耍、看大街上各种稀奇古怪的人或事都会让我精神愉悦，心情大好。

　　在人类朋友的眼中，我十分聪明，警觉，善解人意。性格温顺，平稳，既不迟钝也不过于活跃。对人友善，对人忠诚。喜欢玩，特别喜欢和别人做游戏。所以，鉴于我们这种出色的能力、良好的性情和可靠性，现在已经奠基作为主要犬种之一的地位，并发挥最大性格能力优势奋战在工作前线上。我的同类，有的成为导盲犬，为盲人朋友指路；有的作为搜索犬，灵敏地在现场搜索第一情报资料；有的作为营救犬，勇敢地尽最快速度抢救生命。

　　除此之外，我的可训练性和服从性很好。但因为吃货的属性，如果不对我加以训练，我很可能会任性傲娇，不听主人的话，破坏家庭用品。如果不给我足够的活动，我也会用行动表示抗议，显示出具有破坏性的一面，或因逃避无聊而显得精力过剩。

金毛——以"善"行天下

> 我是《神犬也疯狂》中纵横球场、多才多艺、温暖人心的巴迪，
> 我是《电子情书》中助力女主人寻找爱情的贴心宠儿，我是一只
> 集智慧与美貌于一身的金毛。"善良忠诚"是我毕生的信仰！

我是《神犬也疯狂》中纵横球场、多才多艺、温暖人心的巴迪，我是《电子情书》中助力女主人寻找爱情的贴心宠儿，我是一只集智慧与美貌于一身的金毛。"善良忠诚"是我毕生的信仰！

我的故乡是苏格兰，时间穿梭到 1865 年，那时苏格兰流行打猎，我有不同寻常的捕猎游禽能力和极佳的续航能力，因此大受狩猎家欢迎。也在英国风行一时，知名度不断提高，深受英国人的欢迎，1903 年我的祖先——第一只金毛寻回犬在英国狗会正式登记，8 年后英国金毛寻回犬会成立，可谓名噪英伦。其后有一些到英国旅行的游客，把我的家人带到美国、加拿大等地，为打猎助力。直到 1932 年，美国养犬俱乐部（AKC）成立了金毛寻回犬会（GRCA），如今会员已多达数千名。50 年后，我的家族成员更在 AKC 犬只服从比赛中连续获得三届冠军。而在 2001 年，金毛寻回犬更被 AKC 选为十大最受欢迎注册犬种之一，排名仅次于拉布拉多。

我头上眉头分明，头盖宽阔，头盖与鼻口相连。两眼间距离较宽，眼睛是暗褐色，黑且明亮。鼻子呈黑色。有强壮的上颚，完全剪状咬合。前后肢挺直力强、肌肉发达。足部呈圆形，坚挺如猫足。体型匀称，胸部厚实，水平的背腰部肌肉结实。尾部跟背部保持平行，尾端卷曲或朝背部上卷，但力度稍差。我被毛的下毛密集，上毛为平滑毛或波状毛，其装饰毛丰厚。

我性格善良友好，对主人十分忠诚。我感情丰富，个性开朗，喜欢与小朋友玩耍。基于遗传上的特征，很喜欢运动，而且相当贪食。我十分聪明，极富幽默感。在正常情况下，对其他犬或人不叫不歧视。

在四个半月大以前，我还不能自行上下楼梯，上下汽车时也要小心，若离地面太高，不要让我自行上下，要抱我上下。十二个月以前，不要带着我跑步，否则会给尚未完全钙化的骨骼带来太大的压力。十二个月以后跑步开始时不要太远，要逐渐地加长距离。

除了跑步以外，游泳对我来说也是一项很好的运动，但最好主人和我一起下水。在睡觉前一定要帮我把全身都擦干，特别是耳朵内一定要保持干燥以避免感染。有时候我对盐分过敏，在海中游泳后一定要尽快地用淡水将我身上的盐分冲掉。由于我毛皮的性质和皮肤的构造相关联，所以无法承受闷热多湿的气候，但我的护理比较容易，只要每周全身刷毛即可。

吉娃娃——只愿做主人可爱的"小苹果"

当《小苹果》这首歌火遍大江南北，在各大广场上此起彼伏时，那句"你是我的小呀小苹果，永远爱你都不嫌多"，我觉得就是主人为我量身定做的。当然，不仅我的脑袋像小苹果，还因为我是主人最贴心的萌宠。我就是人见人爱、花见花开的吉娃娃。

我是目前人们所知道最古老的犬种之一，生于美洲，和墨西哥的古老文明有深厚而密切的关系。我属于小型犬种里的最小型，优雅、警惕、动作迅速，以匀称的体格和娇小的体型广受人们的喜爱。当然也是相当受欢迎的狗狗，功用也相当广泛。既是宗教的守护者，也是平民的好伴侣，上至贵族下至百姓，不分等级不分贵贱，我都是大家的好朋友。和㹴类有相似的特点：精力充沛、体型较小、适合家养。

我们的脑袋一般是"苹果形"。头部圆形，耳大薄而直立，眼睛圆而大。体高 15 ~ 23 厘米，越小越受人喜爱；体重 1~3 千克，重量最好不超过 2.5 千克。身体为长方形，所以从肩到臀的长度略大于肩高。雄性的身体稍短一些比较理想，体重超过 2.5 千克即为"失格"。表情迷人，眼睛很大而不突出，匀称，最好呈现明亮的黑色或红色。耳朵大，立耳，在警觉时更保持直立，但是休息时耳朵会分开，两耳之间呈 45 度角。口吻较短，略尖。黑色、蓝色和巧克力色的品种，鼻子颜色都与自己的体色一致，淡黄色的品种也许有粉色鼻子。剪状咬合或钳状咬合。上颚突出或下颌突出是严重的缺陷。颈部略有弧度，完美地与肩结合。背线水平。浑圆的肋骨支撑起胸腔，使身体结实有力。尾巴长短适中，呈镰刀状高举或向外，或者卷在背上，尾尖刚好触到后背（绝不能夹在两腿间）。短尾或断尾不好。前肢肩窄，向下渐渐变宽，前腿直，使肘部活动不受约束。肩应该向上，平衡且坚固，向背部倾斜（肩不能向下或太低）。宽胸和健壮的前半身，但不能像"斗牛犬"

的胸。足纤细，脚趾在秀丽的小脚上恰到好处地分开，但不能分得太开，脚垫厚实。脚腕纤细。后肢肌肉强健，距离适当，不太靠里或太靠外，向下看，强壮且稳固。足同前肢。理想情况是：脚和腿上有饰毛，后腿有短裤，脖子上有毛领。长毛型若被毛稀疏、近乎赤裸则被视为不良。

我们毛发颜色一般有奶油色、红色、褐色、黑色中带有黄褐色，常见的颜色为淡褐色、栗色或白色。有斑块或斑点。短毛型的被毛质地非常柔软，紧密而光滑（毛量足够大时允许有底毛）。被毛覆盖犬身并有毛领为佳。头部和耳朵上被毛稀疏。尾巴上的毛发类似皮毛。长毛型被毛质地柔软，平整或略曲。耳朵边缘有饰毛（如果耳朵比较薄，而饰毛比较多，耳朵可能会略前倾，但绝不能向下）。体表毛长但不拖地。

我们不仅是可爱的小型宠物犬，同时也具备大型犬的狩猎与防范本能，具有类似狸类犬的气质。体型娇小，对生活空间的要求不高，基本上像一般住所的空间就够让我们去玩耍了。能够每天待在家里，非常适宜被居住在公寓里面的人们所饲养。运动量也不多，不用经常花费时间带我出去玩，对其他狗也不胆怯，对待主人极有独占心。

在我们刚出生时，牙齿需要由专业兽医特别照顾，我们也经常为一些神经类遗传疾病所苦，如癫痫，还有髋关节脱臼的问题，广为人知的是还有我们的头颅骨留有囟门，简单来说是头盖骨密合不全，头顶上会留有一个小孔。

我们走起路来，动作迅速、坚定，具有很强的后躯驱动力。从后面看，后腿间始终保持相互平行，后脚落脚点始终紧跟前脚。前后腿都向重力中心线略靠，使速度加快。从侧面看，前躯导向配合后躯驱动，昂首阔步。行动中，背线保持水平、稳定。文雅而且不费力，前肢舒展、结实，后躯推动力强。从侧面看时，步幅恰当，从正面和后面看时，行走呈直线，这是因为具有健全的骨骼及肌肉的原因。

通常情况下，我们性格警惕，有类似狸类犬的气质。但有坚忍的意志，聪明而且极其忠诚，动作敏捷，活泼，十分勇敢，能在大犬面前自卫。但很怕冷，不宜养于室外犬舍，冬天外出需加外衣御寒。

一般我们不适合在户外饲养着，因为太热或是太冷的环境都容易让我们生病。主人最好在天气较好的时候带我们出去玩，散散步，顺便享受一下日光浴，晒晒太阳。我天生怕冷，受寒后易患肺炎和风湿性关节炎，到了冬天的时候一定要注意要给我保温哦。

我们的寿命一般在 13~14 年。在 1~2 岁的时候进入成年，在 7 岁时就开始步入老年，一般来说 10

岁的我们就相当于人类 70 岁的状态，身体呈现严重衰老的状态，牙齿磨损发黄，身躯的皮毛失去弹性，骨骼钙质流失而容易出现骨骼疾病，等等。当然，身体健康的话还可以再陪伴主人几年，如果可以活到十三四岁，就算是老寿星了。

因为我们的身体非常小，对生活环境的空间没有过多要求，在生活中的饮食量不多，而且运动量也不多。但给予的食物要求清洁卫生和新鲜，食盆等食具应该经常洗涮干净，进食后要供给一定量清洁的饮水。我天生饭量小，可新陈代谢却很快，很容易饥饿，最好是一天多喂我几次。饲料最好是以干饲料为主，也可以适度地搭配上一些湿的饲料。主人们一定要注意别让我吃多了，免得长胖了。每天给 60~90 克的肉类就够了，壮年期的我们也只需每天供给 150 克左右的肉类，另加数量差不多的蔬菜和饼干。由于我不耐寒，所以食物也应以温热为主。肉类应先煮熟、切碎，并和干饲料与温开水调和后再喂食。

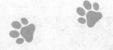
博美——如风似火，顽皮如我

安静的外表下藏着一颗活泼的心，说的是我；静若处子，动如脱兔，说的也是我。我就是如风似火、顽皮欢脱的博美。

我的学名叫哈多利系博美犬，是德国狐狸犬的一种。我们的祖先是德国狐狸犬，是石器时代"泥炭狗"和后来的"湖上生活者"狐狸犬的后代。德国狐狸犬是中欧最大的犬种，这种犬产生了不计其数的犬种。在非德语国家，狼狐狸犬被称为毛狮犬，玩具狐狸犬被称为博美犬。

我的头部相当短小，头盖宽广且平，形状像狐狸头。眼睛中等大小，古铜色，略呈椭圆形，两眼间距适中，黑色眼眶。鼻端部较细，呈楔形，鼻子和被毛同色。耳朵小，两耳间距较近，多为直立耳，就如狐狸的耳朵。胸部厚实，身躯紧凑。前腿笔直而且相互平行，大腿肌肉适度发达。足腕部直而结实，足爪呈拱形，紧凑，不向内或向外翻转。羽毛状尾巴是我的独特之处，尾巴又粗又长，向上翘起到背上。

我拥有柔软、浓密的底毛和粗硬的皮肤。尾根位置很高，长有浓密饰毛的尾巴卷放在背上。具有警惕的性格、活泼的表情、轻快的举止和好奇的天性。体型小巧可爱，所以更适合当人类的伴侣犬。我们大家族中毛发白色和棕色的居多，毛色有白、偏黄奶油、花色、黑、红、棕等。

我的毛是双层毛，分为底毛和刚毛。主人平时对我的护

理是非常重要的。首先是梳毛，工具对梳毛很重要，方式也重要。第一，用针梳从脚开始一层层地梳，遇到打结的地方时不能太用力，一下就梳掉了，这样很伤毛的，要顺着毛的方向梳。第二，用柄梳，在逆毛方向用力地梳，使其蓬松。第三，主人在家可以用剪刀把脚底毛清除掉，这样可以防滑。另外，趾甲也要剪掉，这样才不会使脚受伤而影响步态。

虽然我是小型犬，无体臭，但因为顽皮好动，经常会弄得一身粉尘、泥土之类的，所以需要对我进行清洁。饲养条件好，地面干净，洗澡的间隔可以长一点，一般为2个月左右清洗一次。母犬临产前需要洗一次，分娩会把尾巴和臀部弄脏，要把脏的部分清洗干净，避免幼犬感染病毒。

贵宾——自信与优雅同在

可爱是我的符号，好奇是我的天性，自信与优雅更是我的标配……我就是一只黏人呆萌的小贵宾。

我是贵宾犬，也叫"贵妇犬"，又称"卷毛狗"，是犬亚科犬属的一种动物。

我的祖籍是欧洲，具体是哪个国家还有争议，可能有法国的长卷毛犬、匈牙利的水猎犬、葡萄牙水犬、爱尔兰水犬、西班牙猎犬，甚至马尔济斯犬的血统。

在法国我被视为国犬，很多人认为我原产于法国，但许多国家仍对我的起源争执不休，都想据为己有。德国、苏联、意大利等国均各抒己见，认为我们中的其他兄弟姐妹祖籍在他们的国家，如白毛亲族以法国居多，棕毛亲族多产于德国，黑毛亲族以苏联为多，茶褐毛亲族则以意大利为多。有些史学家深信，德国、苏联、法国在贵宾犬的发展过程中，均扮演过极其重要的角色。在水中捕猎是我们天生的本事，因此被称为"水猎犬"。

根据体型大小，美国养犬俱乐部（AKC）把我们划分为标准型、迷你型、玩具型三种。而世界犬业联盟（FCI）把我们分为大型、中型、迷你型、玩具型四种。

我们的头颅顶部稍圆，眉头虽浅但很清晰，面颊平坦。眼睛颜色很深，呈卵圆形，两眼间距宽，眼神机警。吻部长直而纤细，眼睛下方有轻微凹陷。颈部强壮，颈长可以使头部高高抬起。胸部深而扩张，肋部伸展。后脚跟短，与地面垂直。

我们活泼、性情温顺，极易亲近人，行思敏捷，聪明而优雅，正方形结构、比例匀称，步伐有力而自信。还因气质独特、造型多变，赢得了许多人的欢心，给人一种漂亮的、聪明的印象。

我的被毛通常修剪成传统的形状，被毛有卷曲型和绳索型：卷曲型被毛粗硬、浓密；绳索型被毛下垂，身体各部位被毛长度不等，颈部、躯干、头部和耳部的被毛很长。如果同伴中有头部较小的犬，为了弥补这一缺点，可把头上的毛留长些，并剪成圆形，而颈部的被毛要自然垂下，耳朵的毛要留长，这样才显得头部稍大而美观。头部较大的犬，则应将毛剪短，而颈部的毛不需剪短。

幼时的我们很容易患病，主人平时要特别注意预防，注意我们的饮食卫生。食物中必须含有丰富的蛋白质，每天给予肉类不得少于 100 克。喂前要加等量的素食或饼干用水调和，同时应供给些新鲜清洁的饮水。

边境牧羊犬——我的IQ，我的骄傲

你还记得《长毛狗》中那个有故事、有情感、有灵性的大卫吗？你还记得电影《小猪宝贝》里充分发挥自己的才能智商去帮助猪麦学会牧羊技术的狗狗吗？你还记得《灵犬莱西》里那个冒着生命危险也要回到主人身边的莱西吗？那就是我和我的家人——牧羊犬。

我先介绍一下我名字的故事吧。最早时期被放牧的羊以及用来看管羊的我们的祖先都是在苏格兰群岛上发现的，而我们的祖先大都是由以前从爱尔兰移居到苏格兰的士兵带过去的，并且是在早期维京人还没入侵苏格兰之前就已经过去了的，在这种崎岖的地理环境中人们也就只有依靠我们来帮忙集合、驱赶以及看牧牲畜了。根据现代牧羊犬的起源，我们有着"眼神控制"这样的能力，这种能力是通过在英格兰和苏格兰边境地方的牧羊人发展并且训练出来的，所以从此我就被叫作"边境牧羊犬"。

我的祖先来自苏格兰边境，为柯利牧羊犬的一种，具有强烈的牧羊本能，现在主要生长在四个国家——英国、美国、澳大利亚和新西兰。美国科学家通过大量测试研究发现，我的服从智商超过德国牧羊犬和贵妇犬，在一百多个犬种中排名第一。天性聪颖，善于察言观色，能准确明白主人的指示，可借由眼神的注视而驱动羊群移动或旋转，在世界犬种智商排行第一名。

我们的特点是：

聪明　学习能力强　理解力高　容易训练

善于与人类沟通　温和　忠诚　服从性好

我们的忠心程度可以用"如影随形"来形容，由于温和忠诚的性格，不会乱叫，一度成为最受城市人家养的宠儿。我还是飞盘狗最具竞争力的犬种，是历年飞盘狗世界杯大赛的主角。

我的头部宽阔，。脑袋的长度与前脸的长度几乎相等。耳朵呈中等大小，分得较开，耳朵灵敏且灵活，保持竖立或半立。眼部分得较开，中等大小，卵形，眼睛颜色多为褐色。尖端较细的口吻直到鼻尖，鼻孔发达，鼻子一般为黑色。胸部深、宽度适中。前肢骨骼发达，彼此平行。脚腕略微倾斜。足爪紧凑呈卵形，脚垫深且结实，脚趾适度圆拱、紧凑，趾甲短而结实。后驱宽阔，并向尾巴处倾斜。大腿宽长深，膝关节角度恰当。后肢股量充足，彼此平行且有轻微的牛肢。

我们性格顽强，温顺，有敏锐、机警、灵敏、既不凶恶也不羞怯的气质，又具有聪明、容易训练、温和、忠诚、顺从等特点。天性聪慧，能察言观色，能确实明白主人的指示。

我们能抵御恶劣气候，被毛有粗毛和短毛两种类型，有柔软、浓密的双层毛。在脖颈两侧、臀部、后腿以及尾巴上都有丰满的粗毛，脸部、耳朵、前肢和后肢的毛发为柔顺的短毛。常见的毛色有黑白两色、蓝白两色和棕白两色，此外还有

以黑、蓝、棕为主色的三色毛，以及蓝陨色和红陨色等。大部分人认为我只有黑白两色，这是因为这种颜色最常见。

我们精力充沛、警惕而热情。智商相当于一个6～8岁的小孩，聪明是我们的一大特点。据评测，我可能是智商最高的狗。我不仅是生活中的最佳宠物犬、伴侣犬，也是家庭中很好的看家护院犬。

幼时的我们在断奶后，就可以开始吃幼犬粮了，因为那时的消化能力有限，每天可以分3～4顿喂小狗。8个月以后的我们及成犬，喂食次数可以减为一天1次。但要适量，吃个八分饱就足够了。在散步后约40分钟开饭最佳。如果主人不能掌握好我们的食量，可以通过我们的便便情况来判断。如粪便呈条状，软硬适中就表示食量刚好；如果软到用专用的狗粪便夹都捡不起来，那就说明狗粮食给得太多了；如果粪便太硬，也就说明给的粮食不足，还需要再加一些狗粮。

对我们的日常护理也很简单，只需主人坚持每天定时梳理，习惯了梳毛的狗会认为这是一种不错的享受。不用担心我的趾甲问题，只要运动量足够，我自己就会磨平趾甲。

早晚应各梳毛1次，每次梳毛5分钟。

梳毛要注意顺序	由颈部开始，由前向后、自上而下顺次进行，即先从颈部到肩部，然后依次背、胸、腰、腹、后躯，再梳头部，最后是四肢和尾部。梳理过程中应梳完一侧再梳另一侧。
梳毛的手法	梳毛应按顺毛方向快速梳拉。许多人在给长毛犬梳毛时，只梳表面的长毛而忽略了下面的细茸毛梳理。犬的底毛细软而绵密，如果长期不梳理，会形成缠结，甚至会引起湿疹、皮癣或其他皮肤病。因此在对长毛犬梳理时，应一层一层地梳，还要把长毛翻起来，然后对其底毛进行梳理。
梳子的种类	毛刷、弹性钢丝刷和长而疏的金属梳。毛刷只能使长毛的末端蓬松，而细茸毛却梳不到。梳理长毛犬时，毛刷、弹性钢丝刷和长而疏的金属梳应配合使用。

哈士奇——狼之风范，王者归来

《南极大冒险》中在冰天雪地里拼尽全力和时间、和生命赛跑的八只狗儿们，《雪狗兄弟》中对主人始终践行着"滴水之恩，定当涌泉相报"的雪狗兄弟组，《雪地黄金犬》中经历命运波折起伏却依然誓死保卫人类朋友的白牙……它们都有一个共同的名字——哈士奇，它们都是雪橇犬中的战斗英雄，都是我和我的后代毕生追求的榜样。

我的祖先西伯利亚雪橇犬是原始的古老犬种，在西伯利亚东北部、格陵兰南部生活。曾是东西伯利亚游牧民伊奴特乔克治族饲养的犬种，最初被用来拉雪橇，参与大型捕猎活动，保护村庄，和引导驯鹿及守卫等工作。几个世纪以来，一直单独地生长在西伯利亚地区。

在西伯利亚雪橇犬的相关历史记载中，我们的祖先最早要追溯到新石器时代之前。当时一群中亚的猎人移居到极地（也就是西伯利亚）的尽头生活，经过了很长时间，一群跟随在猎人身边的狗儿，在长期与北极狼群交配繁育之下，发展成为北方特有的犬种。在这群穿越过北极圈，最后选择在格陵兰落脚的人们中间，有一个部落，就是后来培养发展出西伯利亚雪橇犬的楚科奇人。早期，楚科奇人将这群跟随在他们身边的狗训练为可以用来拉雪橇并且看守家畜的工作犬，因为它们耐寒、食量小，工作起来又相当认真，因此当时还被认为是部落中相当重要的财富。而这群早期被称之为西伯利亚楚科奇犬的狗，也就是后来哈士奇的祖先。据说哈士奇这个名称，是爱斯基摩人的俚语——"沙哑的叫声"的讹传，因为当时的狗叫声较为低沉沙哑，因此有了这个奇妙的称号。

18世纪初，阿拉斯加的美国人开始知道哈士奇雪橇犬。1909年，西伯利亚哈士奇雪橇犬第一次在阿拉斯加的犬赛中亮相。1930年，西伯利亚哈士奇雪橇犬俱乐部得到了美国养犬俱乐部的正式承认。传说中，西伯利亚雪橇犬是哈士奇的祖先，经过了长久时间傲立于冰天雪地的风之子，其中包括哈士奇、萨摩耶、阿拉斯加雪橇犬等。在西伯利亚东北部原始部落的楚科奇族人，用这种外形酷似狼的哈士奇犬来拉最原始的交通工具——雪橇，并用哈士奇犬猎取和饲养驯鹿，或者繁殖后带出他们居住的冻土地带来换取温饱。由于哈士奇体型小巧结实，胃口小，无体臭且耐寒，非常适应极地的气候环境，而成为楚科奇人的重要财产。

20世纪初，哈士奇被毛皮商人带至美国。一转眼，我的祖先便成为举世闻名的拉雪橇竞赛之冠军犬。

在DNA上，我们是和狼的血统非常近的犬种，所以外形非常像狼，有着比大多数犬种都要厚的毛发，毛发颜色大致分为黑色、灰色、棕色（浅棕色又被称

18世纪中期	阿拉斯加的俄罗斯猎人开始知道我们的存在。
20世纪初	我们的祖先被毛皮商人带至美国。一转眼，便成为举世闻名的拉雪橇竞赛之冠军犬。
1909年	西伯利亚雪橇犬第一次在阿拉斯加的犬赛中亮相。
1925年1月	阿拉斯加偏僻小镇白喉流行，由于最近的存有血清的城市远在1537千米以外，为快速运回治疗白喉的血清，人们决定用哈士奇雪橇队来运送。1537千米的路程按正常的运送速度来算需要25天，由于病症快速蔓延，雪橇队决定以接力运送的方式来运送，雪橇队最后仅用了5天半时间就完成了任务，挽救了无数生命。
1930年	西伯利亚雪橇犬俱乐部得到了美国养犬俱乐部的正式承认。

为梦幻色）、纯白色（极少）四种，当然这些颜色通常都是夹杂着白色毛发同时存在的。我的眼睛有纯棕色和纯蓝色，也有一只眼睛棕色一只眼睛蓝色的情况。我的脸型通常有十字脸型、桃脸型、三把火、地中海四种。

值得一提的是"蓝眼三火"：蓝眼指的就是眼睛是蓝色的；三火指的是额头上的三道白色痕迹，看起来像三把燃烧的火苗。"蓝眼三火"曾经一度被误认为我们的标志性特征，其实并不是，赛级血统哈士奇就极少有"蓝眼睛，三把火"的存在，多为两只褐眼。因为我有着和狼非常相似的外观，大家所看到电影里的狼大多都是我们族人扮演的。

通常人们所说的"二哈"多为浅蓝色眼睛的哈士奇（随着年龄增长，蓝色变淡，近乎白色），蓝色眼睛的我们看起来总是带着一种蔑视凶残的眼神，但实则很是胆小温顺。在赛场上出现的多为褐色眼睛的我们，给人温柔呆萌的感觉，但认真的时候眼神间也透露出瘆人的狼意。

我们的体重为雄犬 20~27 千克，雌犬 16~23 千克，身高为雄犬肩高 53~58 厘米，雌犬 51~56 厘米，是一种中型犬。

我的耳朵呈三角形，毛发浓密，外耳毛色多与体表毛色相近，内耳多为白色，耳朵大小比一般犬类都要小，正常直立，兴奋的时候耳朵会向后贴住脑袋。相对于阿拉斯加雪橇犬和萨摩耶雪橇犬，两只耳朵的间距要靠近很多，这也是从外观上辨别阿拉斯加和哈士奇很直观的依据。

尾部像毛刷一样，有着类似于狐狸尾巴的外形，就像毛笔笔头的造型一样自然向后下垂，在兴奋的时候会微微上翘，但不会翘至背部甚至卷起来（否则应担心纯种与否）。尾巴上的毛通常比体毛长且硬直，也没有体毛柔顺，挥动有力。尾巴是我表达情绪的重要方式：在高兴的时候会表现出追尾巴的行为；在害怕或攻击的时候，尾巴会拱形夹在后腿之间；疑惑的时候，尾巴甚至会上下摆动。

我们的毛发由两层组成：浓密、开司米状的下层毛和长、较粗糙且含有短直卫毛的上层毛。我们一年只脱一次下层毛，这个旧毛的脱落过程通常被称为"吹下它们的毛"。我在未成年换毛时期掉毛较厉害，成年后的毛发打理也非常方便，而且我本身也很爱卫生。还有我的毛发体味非常弱。

鼻子像所有的同类一样，通常都是凉且潮湿的，在某些情况下能表现出所谓"雪鼻"或"冬鼻"的现象。由于冬季里缺少阳光，这导致了鼻子褪色成棕色或粉红色，在夏季到来时便能恢复正常。雪鼻现象在其他的短毛种类里也普遍存在。

我们喜热闹，生性好群居，但在群体中有着明显的等级制度。在狗饲养场、农村、城郊的狗群中，总由一条头狗（通常是老狗）支配、管辖着一群。级别高或资格老的头狗怎样表明它的等级上风呢？通常采用以下几种特定动作来表示：如答应它而不答应对方检查生殖器官；不准对方向另一只狗排过尿的地方排尿；对方可在头狗眼前摇头、摆尾、耍顽皮、退走、坐下、躺下，当头狗离开时方可站住。等级上风明确后，敌对状态消除，开始成为朋友。狗对其主人也会表现同样的姿势。

当我们被家庭所饲养，环境需要通风，有阴凉的地方，水分给足就行。我们的性格多变，有的极端胆小，也有的极端暴力，但进入家庭的我们早已经没有了这种极端的

性格，比较温顺，是一种流行于全球的宠物犬，与金毛犬、拉布拉多并列为三大无攻击性犬类，并被世界各地的人广泛饲养。

我们最大的个性莫过于既漂亮又冷酷的外形，几乎每个见过哈士奇的人，都会发自内心地喜爱。仔细看起来还有一股狼的风范，如同王者归来！但我们个性很活泼温顺，几乎不会出现主动攻击人类的现象。还喜欢玩耍，能不知疲惫地和人类朋友玩上几个小时，多数情况是人们累得吐舌头，我们还意犹未尽。

我们的热情是无可比拟的，也是有目共睹的，经常会以超快的速度撞到你的脚上，然后舔你一身口水。对于刚到家的主人，我们一般会毫不犹豫地扑过来。

我吠叫的时候很少，只会在一些特殊情况下，发出狼嚎的声音，虽然晚上听起来有点毛骨悚然，但是却正与我们狼般的外貌相符；很多人还因此觉得这才是我们的本性呢。

相对于同等体型的狗狗，我们的食量仅为它们的2/3，甚至1/2，养起来实在很省口粮。我平常很注意自己的仪容仪表，很易保持干净，有时候可能一个月都没洗澡了，但

是每天的梳理会让我们的毛发不粘灰，看上去还是那么干净。

　　我们属于群居类工作犬，跟其他狗狗的群居，不容易嫉妒，能在短时间内接受新伙伴。因性格温顺，有的时候会被小型犬欺负。在如今社会中依然保持着雪地狼族的原始状态，在家中依赖主人，外出则性情狂野。从来不会主动朝着别的犬种吠叫，而且遇到突发事件的时候，一般只会往主人身后躲，十足的胆小鬼。但是本性平易近人，基本从不主动招惹外人或者别的犬类。有时候就跟一个小婴儿一样，特别是生病的时候，又乖巧，又让人怜爱。

巴哥——爱美食，有"洁癖"

人们总喜欢把对美食近乎疯狂喜欢的人叫"吃货"，而在萌宠的世界里，我也是个十足的吃货啊，不仅爱吃，还有轻微"洁癖"，总是叫主人又爱又恨，哭笑不得。我就是巴哥，一个看起来不瘦、摸起来更有肉的巴哥。

我的祖先生于中国，因富有魅力而且高雅，14世纪末被正式命名为"巴哥"，其词意古语为"锤头""小丑""狮子鼻"或"小猴子"的意思。

我们属于体贴、可爱的小型犬种，不需要运动或经常整理背毛，但需要同伴。容貌皱纹较多，走起路来像拳击手是我们的特征。平常以咕噜的呼吸声及像马一样抽鼻子的声音作为沟通的方式。同时，由于具备优良及爱干净的个性，这些特色便成为我们广受人们喜爱的原因。

我们生于中国西藏，被称为"pai"。早期的体型比现在稍大。在十六世纪中期，我们的祖先最早被输出至法国；在十七世纪时，被荷兰东印度公司介绍到世界各地，在国外的数量也曾大量锐减，直到十九世纪末期巴哥犬协会成立之后，家族成员数目才有稳步提升，并且持续地变成今天的犬种标准。因在荷兰受到王公贵族宠爱，又称为荷兰犬，与北京犬属同一大家族。

我们的头部大且粗，不上拱。耳朵薄、小、软，多为玫瑰耳或纽扣耳。鼻子短俏扁平。口吻较短，略宽，但不上翘，咬合时下颌略微突出。颈部呈略微的拱形，粗壮。前驱腿粗壮，笔直，长度适中，腕部结实，但不过分。脚趾适当分开，趾甲为黑色。后腿粗壮有力，后膝关节角度适中，飞节垂直于地面。背较短，背线水平。尾巴尽可能卷

在臀部以上部位，多重卷曲更优。容易有睫毛倒插的毛病，头部皱褶多，也容易泪管阻塞，且有两条明显的泪痕。

我们拥有走到哪掉到哪的毛发。虽然体型瘦小，但毛量还是大型犬的毛量，一年四季变换，但掉毛却是不断。由于眼睛凸出，眼睑摩擦晶体，眼部分泌物会多过其他狗，如果不及时清理很容易引发结膜炎，所以给我们的食物要特别注意，还要每天洗脸，偶尔点眼药水。由于脸部皮肤有很多褶皱，加之分泌物、眼泪等，所以更容易患上各种皮肤病，即使治好也很容易复发。富有穿透力的呼声也是我们的特色，由于鼻腔过短，造成呼吸困难，睡觉呼声很大，也更容易中暑。先天患关节疾病风险很高，几乎是百分百会患上关节疾病，特别是年老以后，轻缓一点的只是关节变形，还能行走，重的可能会瘫痪。

喂我们的食物，尤其是肉类（牛肉、鸡肉、鱼肉）一定要新鲜，鱼要剔去刺，数量可根据我们的胖瘦，以 180 ～ 220 克为适度，不可供喂过量，否则就会发胖，失去可爱的形象。除肉类外，还要喂些蔬菜以及煮熟的豆类或不含糖或少糖的饼干等素食。肉类应先加少量水煮 15 ~ 20 分钟后切碎再喂。肉类之所以要煮熟，一是为了增加香味，引发食欲；二是为了杀灭肉中的细菌和寄生虫，以防患病。我是一种较贪食的犬类，所以一定要掌握好供食的量。喂饲时要定时定点，以养成良好的进食习惯。

我们生性活泼好玩，每天必须给予一定的活动时间，达到一定的运动量。但呼吸道特别短，进行剧烈的运动会因呼吸急促而引起缺氧，所以不宜进行过于剧烈的运动，最好是早晨和傍晚带我出去散步。出外时，要为我佩戴上一个项圈，以防止我太过放飞自我而迷失回家的路。

平常我们也不需要太多户外活动，适合在公寓内饲养。我们并不是很容易驯服，但我们很会保护主人，如有陌生人走近时，会吠得很厉害。总之我们是体贴、可爱的小型犬种，不需要大量运动或经常整理背毛，但需要同伴。

萨摩耶——微笑天使，捣蛋魔鬼

　　披着洁白的毛发，有着天使般可爱的微笑，机警、强壮、灵活、美丽、高贵优雅、乖巧可爱，因此人们称我为"微笑天使"，但我觉得自己有着微笑天使的外表，却藏着捣蛋魔鬼的内心……我就是萨摩耶，生于西伯利亚的原住民萨摩耶族。

　　我们的祖先因西伯利亚游牧民族萨莫耶德人而得名，生于俄罗斯的北极地带，起源于 17 世纪。原始的祖先是由如今定居在乌拉尔山以东的极地地区的萨莫耶德游牧部落所培育的。在 19 世纪末，有毛皮商人将我们族人输入美国及欧洲等地，而后传到英国，因雪白的毛色深得人们喜爱。20 世纪初期，北极探险的热潮中，因天生的特性为探险者提供许多帮助，而获得殊荣。

　　我们的肤色为白色，部分带有很浅的浅棕色、奶酪色，此外其他颜色都属于

失格。世界上曾出现过一只灰白色萨摩，FCI承认它是具有纯种血统萨摩耶基因的返祖萨摩；黑色萨摩耶犬极为罕见。

我们直立的耳朵很厚，呈三角形，尖端略圆。两耳分得较开。眼睛颜色深为佳，两眼凹陷，间距大，杏仁形，下眼睑向耳基部倾斜。鼻子颜色有黑色、棕色、肝褐色，有时随年龄和气候改变。嘴唇多数是黑色，嘴角上翘。牙齿强壮，剪状咬合。背部直，中等长度，肌肉丰满。脚大而长，比较平，似野兔的足，趾稍分开；趾尖呈拱形，肉垫厚而硬，趾之间有保护的毛，脚圆形或似猫足。尾巴比较长，自然下垂时可达跗关节部，尾部被毛长而厚，当处于戒备状态

时，尾上翘高于背部或位于背部一侧，休息时下垂。

我们很聪明，学习东西很快，但程度也有很大差异，要注意不同情况区别对待。性情温和，对主人忠诚，适应性强。警惕，充满活力，待人友善，不保守，不胆怯，不多疑，进攻性不强。把我们当成伙伴和朋友，才能耐心地饲养、护理和调教，不能对我们喜怒无常、忽冷忽热。对我们训练时少进行逻辑思维，因为不懂人类的语言，只能通过记忆来进行学习。因此，主人在训练时也要有耐心，要反复地重复一个口令或一个手势，以逐步帮助我们建立起某种行为习惯，不能操之过急、要求太高。

腊肠犬——短小的四肢阻挡不了我勇敢地奔跑

四肢短小，身子平直，善良而警惕，安静而洒脱，我就是腊肠，为特立独行代言的腊肠。

我的祖先生于德国，原意"獾狗"，后被发展为嗅猎、追踪及捕杀獾类及其他穴居的动物。我们在所有狗种中是比较好养的，因为天性独立自主，所以照顾起来很容易，主人下达的指令也都能迅速理解遵从。

之前我们是一种专门用作捕捉狭洞内野兽的猎犬。由于四肢短小，整个身躯就像一条腊肠一样，故名腊肠犬。生于德国，1840年德国成立了第一个腊肠犬俱乐部。起初的腊肠犬是短毛型，后培育出长毛和刚毛品种。1850年被引入英国，20世纪初，英国人开始培育一种用作玩赏的迷你型腊肠犬，获得成功，并于1935年成立了小型腊肠犬俱乐部。

我们的头部狭长，如楔形的头骨令人印象深刻，头顶微微拱起。双眼间的口鼻和头盖骨相接的凹陷部位十分突出。耳朵长宽适度，根部接近后脑勺，前缘

垂向脸颊，展现出美丽的弧度。眼睛为微斜杏眼，颜色为暗色，表情丰富。口鼻细长，鼻子又大又黑。下颚强而有力，双唇紧闭，牙齿呈剪状咬合。前肢从前面看偏短，稍向内部倾斜。趾宽而有力，笔直朝外生长。脚上的肉垫很厚，趾甲坚固呈暗色，大腿长度适当，小腿较短，与大腿形成直角。后肢呈直立状，脚趾、肉垫或趾甲大致都和前肢相同。尾巴健壮，有浓密的毛发，向尖端逐渐变细。尾巴末端又细又直，位于背部的延长线上，平坦的尾巴属于缺陷。

我们性格相当活泼、开朗，勇敢，谨慎且自信。常做出滑稽的举动，是一种快乐的狗。易于训练，忠于主人，但对外人充满戒心。在地面或地下工作时不屈不挠，所有的感官都非常发达。在户外也相当勇敢、精力充沛和不知疲倦；在室内，慈爱而敏感，安静时友善，玩时欢闹，有陌生人时警惕。

平常主人应让我们保持适量的运动和不宜饲喂过多，以免体型过胖。我四肢矮短，行走时易弄脏身体，故应用毛巾拭掉身体上的污物，以保持被毛光泽。

长毛品种更要注意被毛梳理，才能保证艳丽的色彩。

我们的牙齿容易长齿垢，应定期予以清除。脊椎骨很长，不宜训练跳跃，更不要只握前肢拉起我们或让我们上下高层楼梯，以免脊椎骨移位或引发其他疾病。

幼小的我们需要花费更多的时间和精力，因为8周大小的我们一天需要喂食4次，所以必须有人照料。成年后更需要精心的照料。不管天气如何，每天需要散步两次，一次至少20分钟。

除此之外，我还需要医疗保健，需要梳理毛发以及无数的爱抚。绝对不能一整天被关在家里，所以如果主人全天上班，就必须找个有责任心的人来照料我们。我有三种不同的被毛类型——平毛型、刚毛型、长毛型，有两种规格——标准型和迷你型，这两种规格都有上面三种毛发类型。

法国斗牛犬——斯文向左，彪悍往右

　　忠诚、勇敢、善良、耐性十足……这是人类朋友对我们的评价。在生活中，我们对新鲜事物永远保持着好奇之心，对小孩怀有最大的善意，对邪恶之物会给予最猛烈的教训。因为我们最早的族人生于法国，所以我的名字叫"法国斗牛犬"。

　　我们的头粗壮，呈三角形，有皱纹，正方形、较短的狮子鼻和难看的黑嘴唇遮盖着牙齿。嘴宽且短、强壮有力，额端非常明显。眼睛大，黑色，圆形，轻微凸出。耳朵基部宽，大如蝙蝠翅膀状，末端圆，直立，耳朵自然竖立时颈无皮肉下垂。胸部宽，与身高不相称，腹发达。尾巴短，低垂，末端呈螺旋状；被毛短、平滑、柔软、有光泽，颜色有黑色和淡红色混合或白色带有虎斑。

　　性格活泼聪明，肌肉发达，骨骼沉重，背毛平滑、结构紧凑，体型中等或较小。表情显得警惕、好奇而感兴趣。

　　亲切、敦厚、忠诚、执着、勇敢，具有独特的品味，而且完全表露于表情与动作。对小孩和善，同时也是作风彪悍、能力强、对新鲜事物有极强的好奇心的优秀玩具犬。非常友善，聪明且脾气好，是很好的看门犬。适合城市家庭饲养。不耐热。眼睛和面部的褶子要定期检查。

雪纳瑞——有长发，不脱发

当别的朋友羡慕我有一身顺滑柔美的秀发时，当别的朋友在为脱毛严重而苦恼不已时，我更加为自己这身不掉落的秀发而感到万分幸运。没错，我就是有长发、不脱发的雪纳瑞，一个明明可以靠外貌却偏偏用品性博得人心的雪纳瑞。

我们属于㹴类犬的一种，起源于15世纪的德国，是唯一在㹴犬类中不含英国血统的品种。其名字Schnauzer是德语的"口吻"之意，我们精力充沛、活泼、聪明。

我们的祖先原生于德国。DNA中含有贵宾犬和德国刚毛杜宾犬的血统，是活力充沛的犬种，长有老头一般的眉毛和胡须是我的主要特征。按体型我们可分为小型、标准型和大型等三种，而标准雪纳瑞属于最古老的犬种。最早在农场用于各种劳作，是捕鼠能手，也是很好的伴侣犬。正如15～16世纪绘画上所画的一样，在当时是受人欢迎的家庭犬，也可以当成家畜警备犬或夜警犬使用。在第一次世界大战以前的德国市场上负责守护农作物的，几乎都是我们的族人。第一次世界大战时，也被用作传令犬和救护犬。

我们的头部结实，呈矩形，且较长，从耳朵开始经过眼睛到鼻镜略略变窄。耳朵位置高，发育良好，中等厚度。耳朵是竖立的，呈Ｖ字形，向前折叠，内侧边缘靠近面颊。眼睛中等大小，深褐色，卵形，且方向向前。鼻镜大，黑色而且丰满。口吻结实，与脑袋平行，而且长度与脑袋一致。口吻末端呈钝楔形，有夸张的刚毛和胡须。整个头部外观呈矩形。一口完整的白牙齿，坚固而完美的剪状咬合。颈部结实，中等粗细和长度，呈优雅的弧线形，与肩部结合。背部结实，坚固。胸部宽度适中，肋骨扩张良好，如果观察横断面，应该呈卵前驱。大腿粗壮，后膝关节角度合适。第二节大腿，从膝盖到飞节这一段，与颈部的延长线平行。足爪小，紧凑，且圆，脚垫厚实，黑色的趾甲非常结实。脚趾紧密，略呈拱形（猫足），脚尖笔直向前。

在人们的印象中，我们具有极高的智商，充满智慧，聪明，具有优良的判断力，很有活力。乐于接受训练，勇敢，对气候和疾病有很强的忍耐力和抵御力。天性合群，生性警觉，非常英勇而且极度忠诚。我是温和的伴侣犬，通常与孩子们能相处融洽。

我们最大的优点是不掉毛，比较聪明；缺点是比较好动，毛毛需要定期修剪，特别要注意嘴边的毛毛很容易弄脏，还有就是耳朵要常清理，因为有很多耳毛，不清理的话容易生耳螨或发炎。

在给我们提供的饲料中，应有肉类250～350克，加等量的熟干素料或饼干。肉类应先煮熟、切碎，加适量的水，与熟干素料混合拌匀后再喂。喂饲要定时定点，限在15～25分钟内结束。若在规定时间内未能吃完，就要把食槽端走，并清洗干净。每天应供水2～3次。每天要为我刷拭被毛，保持洁净。春、秋季要修剪被毛过长的部分，还要定期清除耳垢、牙垢和眼屎以及修剪趾爪。

耳部、颊部和头部的毛也要定期修剪，眉毛也要修剪美化。平时饲养过程中，要经常注意精神状态、行动、食欲、大便的形态、鼻垫的干湿度及鼻垫的凉热程度，及时掌握我的健康状况，若发现不正常或患病迹象，要及早采取治疗措施。

蝴蝶犬——美貌与智慧齐飞

当我们奔跑时，耳边的发丝在风中扬起，如同翩然飞舞的蝴蝶；当我们仰望上空时，灵动的眼睛如同冰山上清澈的泉水。美丽动人是我，冰雪聪明也是我，我就是美貌与智慧齐飞的蝴蝶犬。

我是蝴蝶犬（英文名 Papillon），又称蝶耳犬和巴比伦犬，因耳朵上的长毛直立装饰，犹如翩翩起舞的蝴蝶而得名。体高20~28厘米，体重3~5千克，起源于16世纪，原生于西班牙，是欧洲最古老的犬种之一。

16世纪时，我们被称为侏儒小猎犬，常见于珍贵的古老绘画或挂毯。路易时代，侏儒小猎犬中体形较大者逐渐由垂耳变成了直立耳，两耳倾斜于头部两侧，像两片张开的蝴蝶翅膀，发展到现代就是蝴蝶犬。诺班斯、瓦替欧、弗兰格纳德和博彻尔都曾经描绘过这种小犬，那时贵妇们的肖像画中也少不了我们，足见当时受欢迎的程度。尽管在美国已参展多年，但直到1935年美国蝴蝶犬俱乐部成立，我们才正式成为美国养犬俱乐部成员。

很久以前，我们亦被称为"松鼠猎鹬犬"，因朝背部抬起的尾巴状似松鼠而得名。最特别之处在于我那一对十分引人注目的大耳朵，以及娇小玲珑的身姿，因此受到很多爱美女士的钟爱。我个性活泼好动、胆大灵活，又容易亲近，对主人热情、温顺，但极具独占心，对第三者会起妒忌之心。

我们个子虽小，但智商很高，相当于一个五六岁孩子，在宠物犬中属于智商顶尖的成员。大致上，我的智商平均水准与拉布拉多犬、喜乐蒂牧羊犬以及罗威纳犬相近，稍逊于犬类中著名的高智商犬——边牧、德牧、贵宾等，但是比雪纳瑞、萨摩耶等要聪明。

我们的体重一般在 3~5.5 千克，体高 25~30 厘米。头部毛斑左右对称，被毛绢丝状，富有光泽。头盖与口唇毛短。耳直立或垂，大，根高。头较小，鼻梁短，鼻头黑色，唇宽。眼圆稍大。尾根高，有饰毛，负于背。活泼温顺，体格健壮，灵敏，善捕鼠。

我们的体型整体纤细，身体的比例是体长略大于肩高。头小；宽度中等，头盖略呈拱门形，鼻子为圆形，黑色。眉头角度分明，鼻口部呈尖锐状。在头顶正中央处，有明显的一条被身体主色斑纹毛所夹着的白斑毛，或宽或窄。眼睛颜色暗，圆，不外凸，中等大小。黑色眼眶。大耳，左右分离，耳根在头后边。装饰毛丰厚的品种较优良。直立耳或者垂耳，耳朵大而且耳尖较圆，位于头部两侧相对靠后的位置。

我们的毛量丰富、长、精致，像丝一样飘逸，直而且有弹性。背上和身体两侧的毛发笔直。胸部长有丰富的饰毛，没有底毛。头部、口吻、前肢正面和后肢从足爪到飞节部分的毛发紧而且短，耳朵边缘长有漂亮的饰毛，里面则长有中等长度的、柔软光滑的毛发。前腿背面长有饰毛，到脚腕处减少。

后腿到飞节这部分被"马裤"覆盖。脚上的毛发较短，但精致的饰毛可能盖住脚面。

在人们的判断中，理想的颜色总是白色加其他颜色的斑纹。在头部，颜色必须是除白色外的其他颜色覆盖两个耳朵的正面和反面，并且延伸到眼睛，中间不能断开。脸部图案、有色斑纹在身体上的大小、位置、形状都不重要。只要眼圈、鼻子和嘴唇的黑色素充足，至于是什么颜色并无区别。下列情况属于严重缺陷：除白色外的其他颜色不能覆盖耳朵（正面和反面），或不能从耳朵延伸到眼睛。如果在不影响蝴蝶形外观的前提下，耳朵周围镶一圈白边或在其他颜色上散布少量白色毛发不算严重缺陷。任何全白的狗或没有白色的狗都属于失格。

比格犬——尾巴诉说心情

大家都知道漫画卡通中那个毛茸茸、超级可爱的"史努比"吗？它的形象灵感可是来源于我的体形和造型哦！身为一只可爱的比格犬，我还表里如一，那摇曳的尾巴就时刻诉说着我时刻变换的心情啊。

我叫米格鲁猎兔犬，又称为"比格犬"，是世界名犬犬种之一，在分类上属于狩猎犬。在美国、日本的受欢迎犬之中排名第七，而每年的受欢迎度也一直在上升。我们的名字传说是来自法语的"beagle"，即小的意思。在英国被视为猎犬，且因体型属于小型犬，专门用来猎捕兔子，所以才有"猎兔犬"的称号。我的吠声比其他猎犬高亢，故有"森林之铃"之称。拥有高而响亮的吠声，也是猎犬中属最小型的品种，凭借敏锐的嗅觉追击猎物，是颇强的嗅觉型猎犬。

相传我与英国皇室的渊源颇深，约在16世纪到17世纪的时期，英国正值狩猎风潮，英国皇室养育了许多名犬以配合皇家出游打猎，而短小精悍的米格鲁被训练成专门狩猎小型猎物，而小型猎物中以兔子最为灵敏与珍贵，因此兔子经常是我猎捕的重要对象。也因我猎捕兔子成果惊人，因此被冠上"兔子杀手"的称号，久而久之就被称为"米格鲁猎兔犬"。后来狩猎风潮逐渐退去，米格鲁开始转型成为家庭犬。活泼好动的米格鲁在成为家庭犬之初并不太受欢迎，其原因是太过好动，难以驯服，但在专业驯狗人士与兽医的帮助下逐渐适应人类的家庭生活，最后成为家庭犬的一分子。美国米格鲁俱乐部与美国育犬协会曾做了粗略评估，全世界的米格鲁大约有十万只，作为活泼可爱的家庭犬活跃在世界各地。

我们的头部呈大圆顶的形状，大而榛色的眼睛，广阔的长垂耳，肌肉结实的躯体，尾根粗，鲽鱼状。浓密生长的短硬毛，毛色有白、黑及肝色，也有白茶色、白柠檬色。

柠檬色系米格鲁	主要毛色为柠檬黄与白色相间，经专家研究可能是早期因为交配问题而产生基因异同的现象，但各方面均与传统米格鲁无异。
黄褐色系米格鲁	与柠檬色系米格鲁相同，只是毛色主要为黄褐色、白色、黄红色。
萨摩米格鲁	主要出现在日本。根据日本育犬协会的调查，此犬种最早在世界大战之前经英国人士从鹿儿岛引进。可能与当地犬种混血，因此体型与脸型都不太相同，因此一度传出不被认同为米格鲁的血亲，经过日本育犬协会的极力争取才被承认。

🐾 外形特征：

垂耳：可说是米格鲁最大的特征与卖点。米格鲁的耳朵规定不能长过鼻头，且耳朵下缘是圆且宽。以黄、黑、白三色为主。

黄色：散布于头、耳朵、四肢的上半部、尾巴的下半部。

黑色：主要在背部，同时也是快速辨别是否为米格鲁的最大特征。

白色：白色常常被强调，因为以往以背部黑色来辨别的方法，随着时代的改变已经不适用。标准的米格鲁必须要有"七白"，即鼻部前端、脖子、四肢下半部以及尾巴尖端必须是白色。由于米格鲁的四肢下半部是白色的，因此又有"米格鲁穿白袜"的说法。

体型：40~50厘米，属标准的中型犬。

体格：腹部拍摸起来应该是强健有肉。

尾巴：米格鲁除了生病、饥饿或心情不佳以外，尾巴几乎都是往上翘，尾巴的弧度有如锐利的镰刀。

由于体型较小，易于驯服和抓捕，有"动如风，静如松"之称。外形可爱，性格开朗，动作惹人怜爱，活泼，反应快，对主人极富感情，善解人意，吠声悦耳，逐渐受到人们的欢迎而成为家庭犬。但由于米格鲁成群时喜欢吠叫、吵闹，所以家庭饲养最好养单只，以纠正其喜欢吠叫的坏毛病。具亲和力，米格鲁天性活泼，不怕生，且非常喜欢亲近人类。

🐾 我们的优点：

① 敏锐嗅觉：米格鲁的嗅觉比其他中型犬更加优秀，因此后来被人们训练成缉毒犬，世界各地的大机场都常能看到米格鲁与工作人员一起执行检查旅客是否有携带毒品的任务。

② 运动力佳：米格鲁的体力与耐力在狩猎犬中十分有名，因此对于喜欢与狗散步或者运动的人是绝佳的选择。

③ 身体健康：经过美国兽医学会与美国育犬协会的调查，米格鲁患病概率在中型狗中是最小的，因此只要好好养育，通常没有生病的困扰。

🐾 我们的缺点：

① 叫声过大：我们的外号为"森林之铃"，在古代狩猎中大声呼喊以警示主人本来是个优点，但现在反而成为缺点。又是警觉性高的犬种，因此，有风吹草动往往会大吼大叫，这对住在公寓大厦的人们来说是一大噩梦。

② 服从性差：活泼好动，不容易管教，尤其是在遇到有食物或者嗅气味的场景时。

③ 食欲过盛：是个标准的大胃王。曾有专家测试发现，无论给我们多少食物都一定吃完，甚至吃到肚子发胀才肯停下来。吃多而肥胖往往会导致我们产生心血管方面的疾病，因此管控食量是个重大注意事项。

④ 活泼：虽然带给人们亲和力与阳光的一面，但米格鲁的体能过盛，如果没有适当发泄，可能会引起破坏行为。

⑤ 容易忘形：米格鲁一玩疯就有如脱缰的野马，不受主人管控，因此对米格鲁情绪的拿捏要特别注意。

⑥ 好奇心重、爱搞破坏：米格鲁的好奇心可说是狗界第一，对于什么事物都要抓抓咬咬来确定，但偏偏因牙齿非常尖锐，因此被我们抓过之后往往惨不忍睹；再加上体力过剩，玩性大发，又没做好管控，因此可能家具等家庭物品会遭殃。

作为最常用的实验用犬，我们俨然已成为目前实验研究中最标准的动物，多用于长期的慢性实验。在国外，我已被广泛用于生物化学、微生物学、病理学、病毒学、药理学以及肿瘤学等基础医学的研究工作中，而农药的各种安全性试验，特别是制药工业中的各种实验，使用得最多。

🐾 常见疾病

心脏病：米格鲁的体质容易发胖，容易影响到心脏的负荷。许多米格鲁都是由肥胖进而引发心脏病死亡，因此控制米格鲁体重与预防心脏病就成了养育的注意事项。

极端咬合不正：此缺点虽然对米格鲁影响不大，但如果米格鲁凶性大发攻击人的话，此牙齿排列容易撕伤人类的皮肤。

隐睾症：有计划要让雄性米格鲁生育的主人要特别注意，米格鲁的睾丸因不明原因，常常无法掉落到正常部位。因此如果不加以注意并治疗，容易导致米格鲁不育。

体臭：米格鲁的汗腺比起其他狗种来说不是很发达，因此不经常洗澡很容易引起恶臭。

🐾 日常饮食

个性管理：我们属于自我意识颇高的狗种，如果主人从小就溺爱，久而久之很容易就不再尊重主人，进而导致教导的困难。

控制饮食：贪吃非常有名，因此要注意食物方面的控制。且家庭中的食物也要好好安放，以免我们控制不好自己偷偷抓来吃。

家庭环境：由于很爱吃又爱到处乱舔，因此如果家庭环境不够干净，可能会让我们吃进脏东西而导致生病。

注意耳垢：大垂耳常有许多污垢，饲主必须随时注意清洁。如果太久没清洁，可能会有长脓的危险。

身体清洁：我们属短毛犬，但毛密度非常高，再加上天生体臭严重，因此定期洗澡是必备课程。

脚踝问题：生性好动的我们喜欢东跑西跑，有时候容易伤到脚踝，但忍痛能力一流，常到很严重时才被主人发现，因此要定期注意脚部的状况。

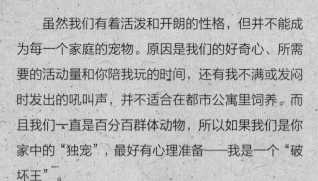

　　虽然我们有着活泼和开朗的性格，但并不能成为每一个家庭的宠物。原因是我们的好奇心、所需要的活动量和你陪我玩的时间，还有我不满或发闷时发出的吼叫声，并不适合在都市公寓里饲养。而且我们一直是百分百群体动物，所以如果我们是你家中的"独宠"，最好有心理准备——我是一个"破坏王"。

　　因为好奇和易受诱惑的性格，只要在屋外有轻微的声音，都会让我们不顾一切地飞扑出去。如果我们走在街上的时候，对面马路有另外一只小狗，应当要小心，否则我们飞扑过马路时会造成交通意外。更严重的是如果你住在高楼大厦，窗户也没有关上，空中飞狗也不足为奇。

　　所以身为一个负责任的主人应该授予我们应有的"家规礼仪"或者找老师教育；否则我们以后会被社会狠狠教训的。

Part 2

你准备好了吗

在确定了自己想要养宠物狗之后，

就可以去犬舍或宠物商店挑选一只心仪的狗狗啦！

除了关注每个品种不一样的个体特征外，

挑选狗狗最重要的还是**它们的健康**哦。

本章提及的几个方面就是最需要注意的部分。

健康标准你须知

1. 观察狗狗的眼鼻耳口、排泄处是否干净。病犬的眼角和肛门处会有泪痕和排泄物的残留。

2. 观察狗狗的粪便。粪便稀软的狗狗可能不健康。

3. 观察狗狗的精神状态。虽然狗狗之间有性格差异，但性格内向和精神状况差的表现是不一样的，因健康问题而萎靡不振的狗狗会有走路无力、没有食欲、精神消沉、嗜睡等表现。有这些表现的狗狗，主人在挑选时要多加注意。

4. 以上健康情况都满足的话，有条件的主人最好带狗狗去宠物医院检测一下，看狗狗是否有犬瘟、细小、冠状这3种幼犬易发传染病。并且测量体温，10个月以下幼犬的正常体温为38~39.5℃，10月以上犬只则是38~39℃，过高或过低都需要注意。

注意：幼犬一般在两个月左右断奶，接狗狗回家最好在这个时间之后。正规的犬舍和宠物医院会在狗狗出售前就打好第一年的六联疫苗，并主动告知买家。

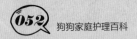

5. 狗狗每年都要注射疫苗，而疫苗必须是身体健康的狗狗才能注射。幼犬出生后五十天即可开始接种六联疫苗，三个月后即可注射狂犬疫苗。狗狗需要在新家至少居住 5~7 天，观察身体状况是否健康，确认健康后才可进行疫苗注射。

6. 需要注意的一点是，刚进新家的狗狗不能马上洗澡，环境不适加上外界物理刺激，很容易引起狗狗的应激反应。应等 5~7 天后，确认狗狗身体状况健康时才可以洗澡。

物品准备须充足

起居室的准备

狗也像人一样，需要有一个温暖舒适的家，一个属于自己的安静自由空间。所以，你要努力为爱犬打造柔软暖和的小窝、出入方便的厕所和安全无虞的生活环境。不要在狗窝前堆放杂物，更不要把狗窝放在高处，要放在平坦、干净的地方。

🐾 周围要安静

狗的听觉感应力是人类的 16 倍，听的最远距离大约是人的 400 倍，对于声音方向的辨别能力也是人类的 2 倍。晚上，狗狗即使睡觉也保持着高度的警觉性，对1000 米以内的声音都能分辨清楚。要特别注意的是人们没有必要对狗大声叫喊，

过高的声音或音频对它来说是一种逆境刺激，会使它有痛苦、惊恐或恐慌的感觉。因此，安静的环境对于狗狗睡眠来说非常重要。

🐾 远离危险品

在带狗狗回家之前，要对家中的环境进行仔细检查，不能在它的生活地带里出现危险的东西，以防它被伤害。各种清洁剂、电线、纽扣、细线、缝纫针、大头针和危险的植物等都可能会造成意外，请将没有使用的插座用胶带覆盖，以确保安全。此外，不要在狗的脖子上绑丝带，如果被它咬到，可能会导致消化方面的疾病。如果脖子上的丝带被其他物品钩住，还可能会导致小狗窒息。

🐾 注意保暖，狗窝大小要合适

　　一般来说，宠物狗的活动范围都在房内，但狗也需要一个温暖、舒适的地方睡觉，尤其是刚刚喂养的小狗，在冬季更要注意防寒保暖。我们可以根据狗的体型大小来选购合适的狗窝，狗窝通常有封闭式的塑料狗窝和金属狗窝两种。在窝里可以放置狗床，添加一些柔软、保暖的旧毛巾和衣服作为床垫。另外，还可以给狗放置合适的枕头。

食具及日用品的准备

接纳一只健康活泼又可爱的狗狗成为家庭的新成员，可不止买回家这么简单。狗狗和人一样，衣食住行都需要有一定的安排。精心准备好物品，可以使狗狗更好更快地融入家庭。

🐾 食具、食物

1. 购买好适合的食盆、水盆、窝或笼子，根据年龄及品种选择合适的幼犬粮。食具材质一般选择由陶瓷或金属制成，容易清洗。请选择不会翻倒的碗，并且将食物和水分开盛装在不同的碗里。为了避免狗在进食时，头陷在食物里或泡在水里，应随着狗的成长及时更换大小合适的碗。

2. 幼犬刚来到新的环境，难免会出现对新环境不适应的情况，主人需要给予狗狗安全感，用心呵护。为了避免环境不适让狗狗做出应激反应，主人应提供一个干净的居住环境，夜晚注意给狗狗保暖。狗狗接回来的第一天可能会因为紧张而不吃东西，主人可以将装有食物的食盆放在狗狗看得见的地方，并远离狗狗，减少狗狗的紧张感。等消除这种感觉后狗狗就会自己进食了。

如果主人十分关心狗狗的生长发育，除了狗粮以外，还可以给狗狗准备一些宠物专用的益生菌、免疫多糖和营养膏，根据说明或医嘱使用，可以调理狗狗的肠道菌群，提高免疫力，以及增强身体素质。

狗狗也需要有自己的日常生活用品。喂食用的食具、遛狗用的狗链、旅游用的旅行袋等等，都是狗狗日常生活中必不可少的用品。常用的用品如下：

颈圈

　　狗的颈圈用于套住其颈部，应由轻巧的尼龙或皮革材料制成，大小要合适（以狗的颈围再加5厘米左右）。可在颈圈上贴一个标签，标明狗的名字及主人的有效联系方式。

🐾 狗链

　　一般来说，狗链的长度在 1.3 米左右较为合适。狗链有皮革和伸缩尼龙等多种材料和样式可供选择。

🐾 旅行袋

　　旅行袋用于外出时携带狗狗，方便清洁卫生，有皮革、帆布和尼龙等多种材质和款式可供选择，要根据狗狗的身材大小加以挑选。

🐾 玩具

玩具一方面可以帮助狗狗运动，另一方面也可以满足它想咬东西的欲望，所以所有的小狗都需要玩具。为狗狗选择的玩具，必须是不会碎裂且不能被小狗撕开或吞食的材质。

不要选择有坚硬尖锐棱角的玩具，也不能选择由软橡胶、毛皮、木材、海绵或塑料制成的幼儿玩具。另外，鞋子或其他私人衣物、丝、纱球、玻璃纸、缠绕住的绳结、塑料袋等家居用品，也不宜作为玩具给狗狗玩耍。

🐾 毛刷

想要让狗狗有一身漂亮柔顺的毛发，一定要时常帮狗狗梳理。梳子的种类很多，选择合适的梳子，才能达到效果。

🐾 牙刷

一般而言，狗狗的牙齿非常健康，很少有蛀牙的情况发生，但是食物的残渣会残留在狗狗的牙齿上，形成牙结石，容易发展成牙龈炎、脱齿、口臭等问题。

平时可以使用市售的牙膏或狗狗专用牙齿清洁工具，来给狗狗清洁口腔。还可以用纱布缠绕在手上，轻轻摩擦狗狗牙齿上方和牙龈部位，来帮助狗狗清除齿垢。

🐾 剪刀

狗狗的趾甲就像人的一样，也需要定期修剪与保养，因为过长的趾甲可能会影响到狗狗走路，甚至伤到它的肉垫。

爱心与耐心
一样都不能少

　　把狗狗接进家门之前，各位家长一定要做好心理准备，很多朋友由于一时冲动养了狗，之后又因为种种原因不得不贩卖、转送他人，甚至遗弃。对一个无辜的小生命而言，这实在是一件无比残酷的事情。

　　大部分人都喜欢年幼时期的狗狗，那张稚气未脱、略显淘气的脸庞实在是太招人喜欢了，有很多朋友为此而对狗狗一见钟情，几乎是在不假思索的情况下就把它们带回家了。

　　对于狗狗而言，爱不能是一时的，而应是一世的，你的爱心与耐心能否保持十几年呢？当我们的小狗狗从一个稚气未脱的孩子一下子变成庞然大物时，你的爱心做好准备了吗？也许因为它们体型庞大而给生活带来了很多麻烦，当兴趣过后，你还会不会坚持每天早晚带它们出门散步呢？还会不会对它们一直保持一如既往的耐心和责任心呢？

在它们年龄尚小的时候，我们要像照顾婴儿一样充满爱心，衣食住行都要操心。转眼到了老年，我们不能因为它们跑不动了、跳不高了就疏远它们，很少带它们出门散步。在这个过程中，我们作为主人一定要把对狗狗的爱贯穿始终，坚持到底。

其实大部分的时候狗狗对人类非常温顺，但毕竟属于犬类，也许它会为你的生活带来种种不便，这时候你还会不会保持耐心，依然对它们好呢？

大型狗狗的排泄物一般都会很多，当你随时可能会面对一大堆尿液或者粪便的时候，你会不会有些崩溃呢？

狗狗的被毛很丰厚，需要每天梳理，有的狗除了季节性掉毛之外，平时也经常会掉毛，所以主人除了为它们清洁毛发之外，还需要每天清洁自己的衣服和沾在布艺沙发等各处的毛发。

在狗狗正值换牙期的时候，它们很有可能把家里的很多东西作为磨牙的玩具，不管是鞋子、墙皮还是杂志，都会被它们当成撕咬的对象，这时候你会不会对它们失去耐心呢？如果你的小狗狗生病了，需要细致的照顾和经常的陪伴，你会不会觉得烦呢？

所以，只有有爱心和耐心并且比较勤快的人才能把狗养好，如果你很懒惰又比较急躁，还是再考虑一下吧。

时间充裕吗

　　狗狗喜欢出去游玩，喜欢各种运动和游戏，最重要的是——它们盼望每时每刻都和主人在一起。在你工作比较繁忙的时候，会不会没有时间和精力带它们外出玩耍呢？在这个时候，就需要找到一个让你比较放心的寄样宠物的地方。找到一家信誉好、条件好、价格又适中的能接收宠物的寄养机构并不是一件容易的事情。如果你的工作需要经常出差，那么它们就要饱受相思之苦，因为我们的生活是丰富多彩的，而对于狗狗来讲，主人就是它们生活的全部。

　　我们都知道，老人和孩子最难照顾的，那么狗狗也一样。对于幼犬和老年犬来说，主人要倾注的时间和精力就更多了。就拿吃饭来说，三个月左右的小狗狗每天要进食三到四次，如果你的时间不够，它们就只能饿着肚子了。老年的狗狗比较容易患关节炎、白内障等老龄化疾病，你有没有时间去照顾它们呢？

主人身体须注意

有一些人会对狗毛过敏，其实让人过敏的不是毛，而是连同狗毛在一起的皮屑，这些皮屑中含有一种易使人过敏的蛋白质，被狗狗舔过的毛也会含有这种蛋白质，有的狗狗每天都会掉毛，所以易过敏人群要小心一点了。要注意的是不可以让你的狗上沙发，尽可能在户外给狗狗梳理毛发，经常给它们洗澡以减少皮屑的掉落。

🐾 孕妇养狗谨记

很多家庭在女主人怀孕后，因为害怕感染弓形虫，导致胎儿不健康而放弃养狗，其实这也是言过其实了。大部分的弓形虫都藏在猫咪的粪便中，经常接触猫的孕妇确实有可能感染弓形虫，但对于养狗的朋友来讲，这种风险就低得多了。对于怀孕期间不想把狗狗送走的准妈妈们，这里有几条小小的建议，希望能够遵守：

1.尽量不要去喂狗狗吃饭或者收拾它们的排泄物，如果必须要做，须戴上手套、口罩，之后用消毒液彻底洗手。

2.大型犬的体型较大，所以在和它们玩耍时要注意，不要让它们像平时一样扑向孕妇，以免造成伤害。

3.弓形虫感染后没有症状，所以养宠物的女性在怀孕前要给自己和狗狗抽血检验，确定检查结果是否为阳性。在怀孕期间，最好也定期抽血检查。即使真的感染了弓形虫，基本上只要用螺旋霉素治疗就可以痊愈，而且副作用小，怀孕期间可以使用。

4.怀孕期间不要吃生鲜食品或半熟肉类，只有在烹煮后，肉的内部温度达到54℃以上时，细菌才会被杀死。同样也不要喂狗狗吃生肉，以防它们感染弓形虫病菌，并注意把它们的食碗和人的分开清洁、摆放。

Part 3

你会如何照顾我

当你决定喂养狗狗时，

就意味着你要对它的吃喝拉撒、衣食住行……全权负责，

但到底该给狗狗吃什么呢？

日常生活需要注意哪些呢？

如何判断它是否生病了？

狗狗的特殊时期该如何照顾呢？……

本章节将会详细叙述**关于狗狗的喂养之道**。

吃喝拉撒
你须知

我们常说，吃饭是头等大事，对狗狗来说也是一样。虽然不同品种的狗狗对营养的具体要求会有细微差别，但是不管哪种类型的狗狗，对水、蛋白质、维生素等基本营养元素的需求是共同的，这些基本的营养元素维持着狗狗的生命活动。当然，有狗狗可以吃的食物，就有狗狗不能吃的食物。只有了解了这些知识以后，我们才能更好地管理狗狗的日常饮食，为狗狗的健康生活画上完美的一笔。

狗粮的分类与选择

肉类狗粮

这类食物的脂肪、蛋白质含量高，所含的氨基酸种类齐全。狗狗比较喜欢吃的动物性食物有猪肉、牛肉、鸡肉、鸭肉等。

蔬菜狗粮

含有丰富的纤维素、植物性蛋白质、淀粉。豆类的蛋白质含量高；青菜、瓜果、根茎类食物中，富含多种维生素、纤维素，水分含量也较高；干果的营养价值也很高。

🐾 狗粮添加剂

可分为矿物添加剂、维生素氨基酸添加剂、抗生素驱虫保健剂等。这些添加剂主要有促进生长发育、维持营养充足、提高食物消化率和防治疾病的作用。

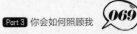

🐾 如何选狗粮

宠物市场上比较常见的狗粮主要有干粮和罐头两大类，此外还有大饼干、除臭饼干和牛肉干等零食类。各大品牌的狗粮都细分为幼年狗粮和成年狗粮两种，并经过科学的营养搭配，同时还供应有特殊营养需求的病狗或工作狗的狗粮。第一次购买的时候，量不能太多，可少量买两三种，看看狗吃后的反应，注意观察适口性、消化吸收程度以及排泄物的形状。食物在开封后，必须妥善保存，罐头要放进冰箱，干粮要密封。

另外，通心粉和面条（加香料）是碳水化合物的重要来源；新鲜的蔬菜水果，如胡萝卜、高丽菜和苹果等都可以补充充足的维生素；炒蛋清淡而富有营养，是小狗和病狗的理想食品；米饭和鸡肉拌在一起，是病狗恢复期的最佳食物。如果饲养大型的斗狗，注意不要用生肉喂食，以防止它们习惯血腥食物后可能会危害人畜。

在购买进口食粮时，要注意尽可能找有中文说明并附有进口商地址和电话的产品，以防误用。

饮食营养的摄取

狗每天都需要喂食一定的食物，以满足正常的身体热量需求。下面列出的营养是狗狗每天饮食里面所必不可少的。

🐾 水

在正常情况下，成年犬每天每千克体重约需要 100 毫升水，幼犬每天每千克体重约需要 150 毫升水。高温季节、运动之后或喂食较干的饲料时，应增加饮水量。在饲养中可以采用全天供应饮水方式，任其自由饮用。

🐾 蛋白质

蛋白质是生命活动中不可缺少的营养物质，蛋类、乳制品和肉类都是优良蛋白质的来源。一般情况下，成年犬每天每千克体重约需 48 克蛋白质，而生长发育时期的幼犬每天每千克体重约需 9.6 克。

🐾 脂肪

脂肪是能量的主要来源，并可在犬身体中储藏。幼犬日需脂肪量为每千克体重 1.1 克，成年犬每天需要脂肪量按饲料干物质计算，以含 12% ~ 14% 为宜。

🐾 碳水化合物

碳水化合物主要包括淀粉和纤维素，存在谷物、薯类和蔬菜中。在体内主要用来供给热量和维持体温，并提供身体活动时所需的能量。成年犬每天需要的碳水化合物应占饲料的 75%，幼犬每天需要的碳水化合物约为每千克体重 17.6 克。

🐾 维生素

维生素是动物生长和维持健康不可缺少的营养物质，其需求量虽然极其微小，却担负着调节生理机能的重要作用。维生素可以增强神经系统、血管、肌肉及其他系统的功能，参与系统的组成。缺乏维生素时，容易出现相应的疾病或生理障碍。

🐾 矿物质

狗所需的主要矿物质有钙、磷、铁、铜、钴、钾、钠、氯、碘、锌、镁、锰、硒、氟等，这些元素是动物机体组织细胞（特别是骨骼）的主要成分，是维持酸碱平衡和渗透压的基础物质，并且还是许多激素和维生素的主要成分，在促进新陈代谢、血液凝固、神经调节和维持心脏的正常活动等方面都具有十分重要的作用。

由于体型大小、饮食习惯和机体代谢存在很大的差异，个体对各种营养素的需求量也完全不同。建议狗主人在兽医或营养师的指导下挑选营养品，同时注意营养品的外包装、生产厂商、品名及批号、生产日期和有效期限。

季节变换，饮食不同

狗狗的饮食随着季节的变化而有所变化，以下是春夏秋冬四季狗狗饮食的注意事项。

🐾 春季

春季是开始变暖的季节，食量应比冬季减少10％，因为冬季过后，狗狗已经不再需要太多的热量来维持体温。如果想给狗狗吃零食的话，最好喂肉干之类的食物，并且算作食量的一部分。春季是个容易发胖的季节，应该为狗狗适当控制饮食。

随温度和湿度的增加，食物容易发霉，应放在密封容器中，并放在通风处保存起来。

🐾 夏季

夏季是狗狗食欲下降的季节，像萨摩耶这样有双层皮毛的长毛犬种，非常怕热，一到夏季食欲就会下降，这是减少脂肪以度过暑热的正常生理现象，所以主人不必担心。

每个月给爱狗称1次体重，如果体重减轻了10％，就说明它的身体出现了毛病。如果到了夏季，爱犬的食欲仍然很旺盛，就要防止它发胖。突然大量减少食量会使狗狗很烦躁，所以应在狗粮中混入低热量的食物，这样有利于合理控制食量。

🐾 秋季

秋季是狗狗食欲很旺盛的季节，应防止它发胖。这是为过冬而储备皮下脂肪的正常生理现象，但若是吃得过多仍然会发胖。

如果狗狗的体重直线上升，并能直接感觉到它的赘肉，就应及时给它减肥了。

减肥时应减少食量，只要在狗粮中掺杂一些卷心菜，就能将高热量的食物调节成低热量的食物了。天气好的时候，让它做大量运动，也有助于防止其发胖。

应定期给它称体重并进行脂肪检测。

🐾 冬季

冬季也是狗狗食欲旺盛的季节，但应注意补充水分。冬季为保持体温，小狗狗的食欲极其旺盛，大量积累皮下脂肪，加上运动量也增加，所以应逐渐增加它的食量。吃得过多会引起肥胖，应定期给它称体重并进行脂肪检测。另外，开暖气会使室内空气干燥，应经常预备新鲜的水，以防止它口渴。

定时定量喂养

🐾 刚出生的小狗

小狗长牙后可以断奶，这时就可以开始喂养流质食物了。可以将肉罐头加温开水调成糊状，或将小狗干粮加热水泡软。小狗长到两个月后，就可以开始吃狗粮了。大型狗个头大、长得快，可以依照医生的叮嘱，在正餐中适当加入钙粉等营养品。

喂食一般应安排在白天，次数大致如下：断奶后至3个月大，每天3～4次；3～6个月大，每天2～3次；6～12个月大，每天2次；1岁以上，每天1～2次。

喂食的时间可以配合饲养者的作息时间而定，并考虑洗碗、清理便盆、狗狗大小便和遛狗的时间。喂食分量通常遵照说明书进行即可，根据上次进食的剩余物随时调整。

🐾 偏食、生病、劳累的狗狗

要及时补充维生素、矿物质等营养添加剂。注意掌握正确饲喂营养品的原则，要做到缺什么补什么。

🐾 幼犬和老龄犬

幼犬和老龄犬是比较需要补充营养品的群体。幼犬适当补充营养品，可以为今后的强壮身体打好基础，增强免疫力；老龄犬体内钙质流失严重，内脏机能退化，需要添加营养品，以辅助消化、补充钙质和延长寿命。

萌宠贴士："要"与"不要"

更换狗粮的品牌或种类时，要先试用两三天，每次掺一半新的食物，逐渐增加新的分量，一周后再全部用新的，切记不能马上全换成新狗粮。

不要勉强狗狗吃完所有的食物。过量的食物和相对缺乏运动是导致肥胖的最常见原因，而肥胖则会导致如心脏病、糖尿病等诸多疾病，损害狗狗的健康。

不要忘记给狗狗喂食。如果忘了，狗狗在吃饭时就会非常饥饿，一定会吃得很快，并且还会养成暴饮暴食的坏习惯。

狗狗的进食仪态

让狗狗吃饭的姿态优雅并不困难。让狗狗养成良好的吃相，可以从最初的狼吞虎咽地进食过渡到慢慢吃，这样反复多次，就可以成功地让狗狗知道怎么吃才斯文。千万不要让狗狗在餐桌下面进食。在狗狗吃饭的时候，可以将食物装在狗盆中，让狗狗在安静的一角慢慢地食用。如果看到狗狗围着饭桌流口水，就算主人再宠爱它，也不能给它吃。遇到这种情况，可以把狗狗从餐桌带离，或者将饭菜放到狗狗看不到的地方。如果狗狗非要吃，可以试着在饭菜中加些"料"，比如少量的辣椒，让狗狗吃一口后就再也不敢碰了。

不宜吃的食物

狗狗虽然是杂食性动物，但也不是任何食物都能吃的。以下列出的是狗狗不能吃的食物：

洋葱、葱类

洋葱、大葱含有二硫化物，对人体无害，但狗狗吃了血液中会产生一种酵素，破坏血液中的红细胞，产生中毒现象。

生或熟的肝脏

肝脏是狗狗最喜欢的美味，但过量食用却可能引发问题。因为肝脏中含有大量维生素A，所以会引起维生素A中毒，使狗狗不能正常吸收食物中的钙而导致佝偻病。每周不应喂食超过3个鸡肝的量。

鸡骨头

鸡骨头等禽鸟的骨头非常尖利，会刺入狗狗的喉咙，或刺伤狗狗的嘴、食道、胃或肠。可以喂猪或牛的大骨，但要用压力锅煮烂，骨髓是极佳的钙、磷、铜的来源，啃大骨有助于狗狗清除牙垢。

生鸡蛋

生蛋白含有一种叫卵白素的蛋白质，它会耗尽狗狗体内的维生素H，维生素H是狗狗生长及促进皮毛健康不可或缺的营养元素。此外生鸡蛋通常也含有病菌，而煮熟的蛋则可以提供优良的蛋白质。

生肉

狗狗的免疫系统无法适应人工饲养的家禽、家畜的生肉中最常见的沙门氏菌及芽孢杆菌，生肉中可能存在的寄生虫对狗狗也非常危险。如果要喂肉，请至少煮到八分熟。

牛奶

牛奶中含有大量的乳糖，而狗狗的肠胃是不能很好地吸收乳糖的。狗狗喝了牛奶后会出现放屁、腹泻、脱水或皮肤发炎等症状。我们可以购买专门为宠物研制的奶，这样才会有利于它们的健康。

高糖食品

甜食大概是人类和狗狗都喜欢吃的，但是点心、蛋糕等甜食极容易导致肥胖，而且也容易造成钙的吸收不足和龋齿病，对狗狗没有一点好处。如有特别需要，主人可以购买宠物专用点心或者无糖蛋糕。

可乐

可乐以及很多饮料中都含有咖啡因，咖啡因虽然对人体无害，但是由于狗狗和人类的新陈代谢系统不同，所以咖啡因和茶碱等物质都能伤害到狗狗。同时，可乐中含有的碳酸对狗狗的身体健康也很不利。

香料或食盐

通常狗粮中都会含有适量的无机盐，不需要额外补充。人吃的食品中所含的盐分对狗狗而言太多了。狗狗的身体无法排汗，因此过量的盐分无法排出；香料等会增加狗狗肾脏、肝脏的负担，而且会使狗狗的嗅觉变得迟缓。

巧克力

巧克力中含有可可碱，会使输送至脑部的血流量减少，可能会造成心脏病或其他有致命威胁的疾病。纯度越高的巧克力所含的可可碱含量越高，对狗狗的危险性也越大，是造成狗狗中毒的因素之一。狗狗体重愈轻，中毒的可能性就愈大，一只体重1千克的狗狗，如果吃下9克纯巧克力，就可能导致死亡。

高纤维食品

竹笋、豆类等高纤维食品，狗狗吃了容易引起消化不良。

海产品类

海鲜类食物容易引起狗狗消化不良、下痢、呕吐等。

剩饭剩菜

不要给狗狗吃人类的剩饭、剩菜。狗狗每天都须定时定量地饮食，身体对营养的需求也是定量的，如果主人给狗狗吃人类的剩菜、剩饭，并不能满足狗狗的身体需求。剩饭、剩菜中的盐分对狗狗而言过高，如果摄取过多食盐，狗狗的肝脏和肾脏会受到伤害。

猫粮

猫对蛋白质的需求是狗狗的2倍，如果狗狗长期吃猫粮，很快就会摄取过量的蛋白质。首先，体内如果长期累积过多蛋白质，狗狗会发胖；其次，过量的蛋白质对生病的狗狗有害，会增加狗狗肝脏的负担；再次，对老年狗狗而言，会破坏其循环系统，对其身体健康也不好。

怎样照顾还没断奶的小狗

首先，小狗狗出生后，由母体内的恒温环境来到母体外的变温环境中，这些一尘不染的小家伙被毛稀少、调温机能尚未完全形成，故而要做好保温工作。同时，刚出生的小狗骨骼很软，站立不稳，行动不便，容易被母犬压迫窒息而死或踩伤致死，这时主人需要加强看护。小狗的洗澡是生下来二月以后，接种预防针后两个星期以上才开始。室外饲养的狗狗一年洗 3~4 次，室内饲养的则 20 天至一个月一次为宜。

狗狗的皮肤不像人类那样容易出汗，不需要经常洗澡。洗澡前应让它散步，让它排出尿和粪便，然后按顺序进行洗澡。新进的小狗，尤其是从外面买来的小狗，由于它们在市场上和别动物有过接触，或是想买的人不断用手摸了这个摸那个，把病原微生物传播开来。所以，饲主得到宠物后要马上带到兽医院进行检查。您可以请兽医给您的幼犬先注射一些血清，等回家饲养 10 天左右，小狗壮实了，也适应了新家的环境，再带它去打疫苗。

　　请避免过分狂热地过量喂食您的小狗，按照那些可信赖的狗粮厂商所生产的狗粮口袋或者罐头上的说明喂食。有些品种的狗倾向于肥大的体型，但早年时的过量喂食仍会对其产生长久的影响。

　　冬季天气寒冷，这个时期管理的侧重点应放在防寒保温、预防呼吸疾病上。即使是长毛品种，由于还没有长齐狗毛，抵抗力不足，特别怕骤冷和冷风吹袭。可以在窝内放些清洁的旧毛毯、厚毛巾等，有助于幼犬取暖。若单独把幼犬买回家饲养，由于已离群，难以依偎而相互取暖，也少了兄弟姐妹同它玩，以致不能周身发热，所以比较易着凉。不要把小狗放在太通风的地方以防冻坏。尤其是出生6～8周的小狗，最容易患感冒。如果不懂得料理，最好不要在冬天时买幼犬，回暖后或等它年纪稍大些再买，它的抵抗力会强一些。

　　狗狗窝内温度应保持在13～15℃之间。犬舍门可吊草苫，窗子可封上塑料布，对幼犬的圈舍还可仿照塑料大棚方法进行保暖，同时要堵塞墙壁一切缝隙，防止贼风侵袭。有条件的可用红外线灯照射，墙壁之间建火墙等，一般应配置狗床，上面垫上厚垫料，并且要勤换勤晒，保持干燥。天晴日暖时，让狗多晒太阳，加大运动量，增强体质，提高抗病能力。

挑食怎么办

除去身体疾病等因素外，大部分狗狗挑食，是由于人的行为导致的，所以要做到：

1. 不给零食，多喝水多运动。记住"5分钟法则"，即定时定量，让狗狗知道吃饭时间到了，放在它面前5分钟，不吃就端走并且冷落它，吃就给予表扬。注意：如果小体型的狗狗可以在水中放葡萄糖，避免低血糖。

2. 不要过度给予零食：有些小体型的狗狗，每天主人给几大块鸡肉零食，狗狗吃零食都吃饱了，就不会再吃主食了。所以要控制狗狗的零食食量。

3. 不可狗粮碗里永远有食物：很多上班族养狗，害怕自己一整天外出，狗狗在家里会饿到，于是便放许多狗粮在碗里，一放就是一天。容易得到的东西不论是人还是狗，都是不懂得珍惜的。

4. 不要让狗狗不吃不喝便能得到关注：当你家狗狗不吃东西，你拿着狗碗追着它问它为什么不吃的时候，一些特别渴望得到关注的狗狗可能会学会一招：只要我不吃东西，主人就会一直关注我、跟我说话，我就心安了。

5. 用餐的频率。在三个月前建议一日四次，三至八个月为一日三次，八个月以上就可改为一日两次。如果不希望狗狗只对香喷喷的食物有兴趣，从小就要让狗狗以饲料为正餐时的唯一主食。用餐时，让狗狗养成专心用餐的习惯，限定30分钟内没有用餐完毕，就将饲料收起来，等到下一次正餐时间再提供，不要让狗狗从小养成想吃就吃、不想吃待会也还有得吃的坏习惯。

保证狗狗的睡眠

🐾 睡多长时间好

睡眠对于狗狗来说非常重要，关乎它的健康，一般来说，狗狗每日大概要休息 15 个小时左右。因此，让狗狗休息得好就如同吃饭、喝水一样重要。

可一旦进入深度睡眠，狗狗就完全进入了另一个世界。此时，它还会做梦，发出轻吠、呻吟等声音，偶尔还伴随着四肢的抽动。睡到忘我时，它的身体会侧卧，全身也得以舒展，进入了彻底酣睡的状态。

充足的睡眠可以让狗狗保持良好的身体状态，以及愉悦的心情，做起事情来也热情洋溢；反之，则会让狗狗的性情烦躁，无精打采，不管做什么都会迷迷糊糊，效率低下。

因此，为了让狗狗健康长寿，就尽量提供给它们一个可以随时安然入睡的环境吧。

🐾 要注意午休

　　狗狗的睡眠时间比较碎片化，没有太固定的模式，只要想睡才不管什么白天黑夜。不过，大部分狗狗喜欢在晌午前后以及凌晨 2~3 点休息。

　　每只狗狗的睡眠时间也不尽相同，相对来说，年龄大一些的狗狗睡眠时间比较长，而年龄小一些的狗狗睡眠时间则相对较短。

　　并且它们在休息的时候，特别喜欢把嘴巴藏在前肢下面，这是为了保护自己嗅觉灵敏的鼻子，保持对周边环境的警惕性。

🐾 不喜欢被打扰

　　狗平常睡觉时不易被主人和熟人所惊醒，但对陌生的声音仍很敏感。狗睡觉被惊醒后，常显得心情很坏，非常不满惊醒它的人。刚被惊醒的狗睡眼蒙眬，有时连主人也认不出来，所以它的不满有时也会对主人发泄，如向你不满地吠叫。切忌因无聊或恶作剧去弄醒它。

🐾 让狗狗乖乖回小窝

如果家里有不喜欢狗的客人或者家人在吃饭的时候，就需要把狗狗安排到室外活动，或者让狗狗待在狗窝来限制它的活动，以免造成不必要的麻烦。可是，想让狗狗乖乖地回到自己的小窝，不是一件容易的事情，需要饲主们有耐心地对狗狗进行反复的训练。下面是一些训练狗狗回到狗窝的有效步骤，只要训练方法得当，假以时日，狗狗就会懂得"应声进窝"了。

第1步：饲主蹲在狗窝旁边，手握饲料（或狗狗爱吃的零食），先给狗狗闻一下（注意不要让狗狗抢走了）；

第2步：做出把饲料放进狗窝的动作，要让狗狗清楚地看到你这个动作；

第3步：等狗狗进入狗窝寻找食物的时候，做出让狗狗躺下的动作（如果是狗笼，就把狗狗推进去），注意力度不要太重，不要让狗狗觉得你是在强迫它或者是在欺骗它；

第4步：待狗狗躺下或者进去的时候，再将手中的饲料或者零食喂给它吃，以示奖励。

第5步：反复训练几次，狗狗就会明白你的意思，之后就会按照你的指令，乖乖地回到自己的小窝了。

保持适当运动

　　狗狗是喜动不喜静的动物，适当的运动对保持狗狗的健康十分重要。通过运动，能促进新陈代谢，增强狗狗的食欲，使得狗狗体魄健壮，增强持久力和敏捷性，从而达到锻炼强身的目的。此外，主人与狗狗一起运动还能增进感情。但运动应在早晚进行，早晨空气新鲜、凉爽，晚上环境安静，没有干扰，而且狗狗具有夜行性，周围的景物如同白昼一样清晰可见。不要在炎热的白天散步，以免强烈的阳光照射，引起日射病或热射病。

🐾 狗狗运动应注意：

　　1. 每天有适当的运动，不能凭主人的意愿随便不规律，时而一日数次，时而数天运动一次。运动量应视狗狗的品种、年龄和不同的个体而异。如小型狗狗每天运动的路程以 3 ~ 4 千米为宜，而速度快的狗狗每天可跑 16 千米左右。有些小型狗狗如吉娃娃、西施犬等由于个体小，如果让它们每天走很远很远的路，往往会因运动过度而影响心脏，故以每日在家自由走动即够其运动量。有的猎犬，如阿富汗犬等，最好每天让它快跑 15 分钟以上。在户外牵引运动前，应先让它自由活动数分钟以排便，在运动中要保持正确的行走姿势，与主人保持适当的距离，纠正忽前忽后、忽左忽右的行走习惯。

2.外出运动时，应给狗狗戴上牵引带，尤其在市区街道上切勿疏忽松带，任其自由闲荡，以防被车撞伤或惊扰行人，或与其他狗狗相遇而打斗，尤其要注意防止咬伤行人。犬带的系栓不宜过紧或过松，过紧会影响呼吸，过松易脱落，以有一定的自由度为宜。

3.应时常变换运动的路线，不要每天只按同一固定的路线活动。运动中应防止它用鼻子去嗅闻其他狗狗留下的排泄物或其他物体，更不能让狗狗接触这些物体，也不要将狗狗带到人或其他狗聚集的场所，以防染上某些疾病。

4.在安全的环境下，可给狗狗一些塑料制成的胶制玩具，任其自由嬉戏玩耍或引其跑动。

5. 对猎犬或警犬等工作犬而言，夏季的游泳锻炼是很好的全身运动，可使其体格发育匀称。开阔的快速运动和飞越障碍，可使肩部的结构发育良好，促进胸部特别是前胸的发育。为了锻炼背部的肌肉和后躯的弹跳力，可以进行自行车绳索牵引运动，再结合曲线变换方向的运动，还能锻炼全身关节的柔韧性和运动的敏捷性。总之，狗狗的运动形式多种多样，可根据不同目的选择，一般观赏犬主要进行卫生保健性的运动锻炼，而使役犬要进行特殊的技能锻炼。

狗狗运动过量的表现

喘息气粗	喘在犬的运动中是一种正常现象，随着运动的强度不同会发生不同程度的喘息，经休息可恢复正常，这属于正常现象。如果休息时间很长还不能恢复，可能是运动过量的信号。
口渴	狗狗运动后常会感到口渴，这是正常现象。如果喝水多，仍不止渴，小便过多，就不是正常现象了，是运动过度的先兆。
狂躁不安	有些狗狗经过短时间的剧烈运动后，出现不听呼唤、上蹿下跳等神经错乱症状。
食欲异常	狗狗在经过剧烈运动后，会暂时不想吃饭，休息后食欲变好，是正常现象。但有些狗狗经过大量的运动后长时间厌食，也有个别狗狗运动后出现食欲骤增且一直持续，这些都是运动过量的症状。
精神疲惫	狗狗在运动后总是精神不振，注意力不集中，且看起来没有力气，有些连续数日不能恢复体力，甚至伴有胃胀不食。
关节疼痛	过量运动会导致关节或关节附近疼痛，并有关节功能障碍。

所以，主人在带狗狗运动时，一定要随时观察狗狗的表现，在发现其表现出运动过量的征兆时，及时休息。

日常照护
多留心

狗狗疫苗接种时间表

疫苗注射和身体检查是最常见、最简单和最基本的疾病预防手段。这些工作不能省略，而且需要认真对待。

年龄（月）	用量	疫苗品种
1.5	遵医嘱	六联
2.5	1剂	八合一
3	1剂	莱姆
3.5	1剂	莱姆
4	1剂	莱姆
4.5	1剂	八合一
12.4	遵医嘱	莱姆

萌宠贴士：

狗狗满1岁4个月，之后的疫苗接种只需要每年一次即可。另外下面有两个细节需注意。

1. 配种前母狗视情况最好追加一剂八合一疫苗。

2. 莱姆病能在人畜之间共通传染，经壁虱传染，导致发疹、心肌炎、丝球体肾炎、红肿、心导阻断和关节发炎等症状。由于是人畜共同疾病，如果你的狗常在外玩耍或者你与狗常亲密接触，建议你带你的狗宝贝去打疫苗。犬莱姆病疫苗是不包含在八合一疫苗内的，要另外施打，成年犬每年一次，幼犬第一次施打要连续两个月打两次。

狗狗体检检查什么

养成日常为爱犬检查身体的良好习惯，防患于未然，若发现有异样，应尽早带它到兽医诊所检查，可避免疾病晚期、无药可救的情况发生。

1.看眼睛

如果发现狗经常用爪抓眼睛或不停眨眼，可能是它的眼睛出现了问题，感觉疼痛所致。

2. 看皮毛

替爱犬梳理被毛时可顺便检查它的皮肤是否健康，是否有跳蚤，是否有皮屑和脱皮现象。

3. 看脚趾

检查脚趾之间和脚垫，是不是存在可能引起感染的异物。

4. 闻耳朵

若发现狗时常摇动头部或抓耳朵，且耳内发出恶臭的话，就说明有耳蚤了。

5. 看大便

如发现爱犬的粪便太软，且带黏液和血丝时，也要迅速就医。

正常狗狗的标准

体温	正常幼年狗的体温为38.5~39℃，成年狗为37.5~38.5℃，清晨、午后和晚上体温略有变化，但一昼夜之间的体温差应在0.2~0.5℃。
脉搏	安静状态下，正常狗狗的血脉搏动次数为每分钟70~120次，幼年狗狗比成年狗狗略高。脉搏的测定是以后肢动脉检测每分钟的搏动次数为准。
呼吸	健康狗的呼吸频率为每分钟15~30次，幼年狗狗比成年狗狗稍高，妊娠期狗狗比未妊娠狗狗稍高。同样，呼吸频率也应在狗狗平静状态下观察。
体型	健康的狗狗肥瘦适度，肌肉丰满健壮，被毛光泽润滑，体格牢固，一般在春秋季节脱被换毛。
食欲	狗狗对于食物天生充满欲望，仔细观察狗狗正常情况下进食时的吞咽速度、数量、持续时间及吃完后的腹围大小等，很容易区分出健康的狗狗和生病的狗狗。
精神状况	健康狗狗通常活泼好动，两眼有神，关心周围事物，对新事物充满了好奇。亲近主人，见到熟悉的人会摇头摆尾，对生人则避而远之。

🐾 犬瘟热

犬瘟热是由犬瘟热病毒引起的犬的一种高度接触性、致死性传染病，早期呈双相体温热型，症状类似感冒，随后以支气管炎、胃肠炎为特征。患病后期有神经性痉挛、抽搐症状出现。部分病例还可出现鼻部和脚垫高度角化的症状。

本病一年四季均可发生，但以冬、春两季多发。本病有一定的周期性，每三年一次是流行高峰。不同年龄、性别和品种的狗狗均可感染，但以未成年的幼犬最易染病。纯种犬更容易感染，而且病情反应重，死亡率也高。

最重要的传染源是鼻、眼分泌物和尿液。曾有媒体报道，感染犬瘟热病毒的犬在 60～90 天后，尿液中仍有病毒排出，所以说尿液是很危险的传染源，主要传播途径是病犬与健康犬直接接触，也可通过空气中的飞沫经呼吸道感染。同室犬一旦有犬瘟发现，无论采取怎样严密的防护措施，都不能避免同居一室的其他犬受感染。

犬瘟热潜伏期为 3～9 天，症状多样，与抗毒力的强弱、环境条件、年龄及免疫状态有关。犬瘟热最开始的症状是体温升高，持续 1～3 天。后退烧，但几天后体温会再次升高，持续时间不定。可见症状有流泪、眼结膜发红、眼分泌物由液状变黏浓性。鼻腔发干，有鼻液流出，开始是浆液性鼻液，后变成脓性鼻液。病初有干咳，后转为湿咳、呼吸困难、呕吐、腹泻、肠套叠，最后会因为严重脱水和衰弱死亡。

神经症状性犬瘟大多在上述症状持续 10 天左右后出现，临床上的病例以脚垫角化、鼻部角化引起神经性症状。由于犬瘟热病毒侵害中枢神经系统的部位不同，症状有所差异。病毒损伤脑部，表现为癫痫、转圈、站立姿势异常、步态不稳、咀嚼肌及四肢出现阵发性抽搐等其他神经症状，此种神经性犬瘟预后多不良。

犬瘟热病毒可导致部分犬眼睛损伤，临床上以结膜炎、角膜炎为特征，角膜炎大多在发病后 15 天左右多见，角膜变白，重者可出现角膜溃疡、穿孔、失明。

该病在幼犬中的死亡率很高，可达 80%～90%，并可继发肺炎、肠炎、肠套叠等症状。临床上一旦出现特征性犬瘟热症状，预后很差，特别是未做过免疫的犬。尽管临床上进行对症治疗，但对病情的发展也很难控制，大多因神经症状及衰竭死亡。部分恢复的犬一般都留下了不同程度的后遗症。

🐾 犬细小病毒病

犬细小病毒病是犬的一种具有高度接触性传染的烈性传染病，临床上以急性出血性肠炎和心肌炎为特征。

犬细小病毒对犬具有高度的传染性，各种年龄的犬均可感染，尤以刚断乳至90日的犬染病较多，病情也比较严重。幼犬有的可呈现心肌炎症状而突然死亡。据临床病例显示，纯种犬及外来犬比土种犬发病率较高。本病一年四季均可发生，尤以天气寒冷的冬春两季多发。病犬的粪便中含毒量最高。

被犬细小病毒感染后的犬，在临床上可分为肠炎型和心肌炎型。

肠炎型：自然感染的潜伏期为7～14天，病初表现为发热、精神不振、厌食、呕吐。初期呕吐物为食物，呈黏液状、黄绿色或含有血液。发病一天左右开始腹泻，病初粪便呈稀状，随病状发展，粪便为呈咖啡色或番茄酱色样的血便。之后次数慢慢增加，里急后重。血便带有特殊的腥臭气味。

血便数小时后病犬表现出严重脱水、眼球下降、鼻腔干燥、皮肤弹力大大下降、体重明显减轻等症状。对于肠道出血严重的病例，由于肠内容物腐烂可造成内霉素中毒和弥散性血管内凝血，使机体休克、昏迷甚至死亡。血象变化，病犬的白细胞可少至60%～90%。

心肌炎型：多见于40日龄左右的犬，病犬先兆性症状明显。有的犬突然呼吸困难，心力衰弱，短时间内就会死亡；有的犬可见有轻度腹泻的症状而后死亡。

发现本病应立即进行隔离饲养，防止病犬和病犬饲养人员与健康犬接触，对犬舍及场地用2%火碱水或10%～20%漂白粉等反复消毒。目前犬细小病毒肠炎疫苗少见，多和其他病毒性传染病联合在一起接种疫苗，所以其免疫程序同犬瘟热疫苗接种一样。

🐾 犬传染性肝炎

犬传染性肝炎是由犬腺病毒Ⅰ型引起的犬的一种急性败血型传染病。临床上主要表现为肝炎和角膜浑浊症状。该病的传播途径主要是直接接触性传染，康复犬的尿中含有毒素，且潜伏期可达180～270天。可用2%火碱水对环境进行消毒。

自然感染犬的传染性肝炎的潜伏期为7天左右。发病最急的病例在出现呕吐、腹痛、腹泻症状后数小时内便会死亡。急性病例有精神不振、寒战怕冷、体温升高至40.5℃左右、食欲丧失、喜喝水、呕吐、腹泻等症状。

亚急性病例症状反应较快，除上述急性期症状表现得较轻外，还可见贫血、黄疸、咽炎、扁桃体炎、淋巴结肿大，其特征症状是在眼睛上出现角膜水肿、混浊、变蓝，临床上也称"蓝眼病"。眼睛半闭，畏光流泪，有大量浆液性液体分泌物流出，角膜浑浊，特征是由角膜中心向四周扩展，重者可导致角膜穿孔。恢复期时，浑浊的角膜由四周向中心缓慢消退，浑浊消退的小狗大多可自愈，可视黏膜有不同程度的黄疸。

不应盲目由国外及外地引进犬，以防止病毒传入。患病后康复的狗狗一定要单独饲养，最少隔离半年以上。防止本病发生最好的办法是定期给犬做健康免疫，免疫程序同犬瘟热免疫一样，目前大多是采用多联疫苗联合免疫的方法。

🐾 犬腺病毒Ⅱ型

犬腺病毒Ⅱ型可引起犬的传染性喉气管炎及肺炎症状，临床表现

为持续性高热、咳嗽、浆液性至黏液性鼻漏、扁桃体炎、喉气管炎和肺炎。从临床发病情况统计，此病多见于4个月以下的幼犬，在幼犬中可以造成全窝全群咳嗽。

犬腺性病毒的感染潜伏期为5~6天。持续性发热，鼻部流浆液性鼻液，随呼吸向外喷水样鼻液。最初表现为6~7天阵发性干咳，后表现为湿咳并有痰液。呼吸喘促，人工压迫气管即可引发咳嗽。

🐾 狂犬病

狂犬病又称疯狗病、恐水症，是由狂犬病病毒引起的一种人和所有混血动物直接接触性传染病。人一旦被含有狂犬病病毒的犬咬伤而发作，死亡率是百分之百，所以作为宠物的犬一定要注意狂犬病的免疫。患有狂犬病的犬临床表现为极度兴奋、狂躁、流涎和意识丧失，最终全身麻痹死亡。

本病的潜伏期长短不一，一般为 15 年，长者可达数月或数年以上，潜伏期的长短和感染病毒的毒性、部位有关。临床表现分两种类型：一是狂暴型，二是麻痹型。狂暴型有三期，即前驱期、兴奋期和麻痹期。

前驱期表现为精神沉郁、怕光喜暗，反应迟钝，不听主人呼唤，不愿接触人，食欲反常，喜咬吃异物，吞咽伸颈困难，唾液增多，后驱无力，瞳孔散大，此时期一般为 1 ~ 2 天。前驱期结束后即进入兴奋期，表现为狂暴不安，主动攻击人和其他动物，意识紊乱，喉肌麻痹。

狂暴之后出现沉郁，表现为疲劳不爱动，体力稍有恢复后，外界稍有刺激又可立刻疯狂，眼睛斜视，自咬四肢及后躯。该种病犬一旦走出家门，不会回家，四处游荡，叫声嘶哑，下颌麻痹，流涎。此种病犬对人及其他牲畜危害很大，一旦发现应立即通知有关部门处死。

麻痹期以麻痹症状为主，会出现全身肌肉麻痹、起立困难、卧地不起，抽搐、舌脱出、流涎，最后因呼吸中枢麻痹或衰竭死亡。

用灭活或改良的火毒狂犬疫苗免疫可预防狂犬病，其免疫程序是：活苗应在犬 3～4 月龄时进行首次免疫，一岁时再次免疫，然后每隔 2～3 年免疫一次；灭活苗在犬 3～4 月龄时首免，二免在首免后 3～4 周进行，二免后每隔一年免疫一次。

狂犬病对人的危害很大，人一旦被狂犬病病犬咬伤，如不在 24 小时之内注射疫苗，一旦出现狂犬病症状，死亡率是 100%，所以动物主人一定要按免疫程序定期给其他动物注射狂犬病疫苗，防止被犬咬伤。对于家养的犬一定要圈养、拴养，防止散养咬伤他人。人一旦被不明的犬咬伤后应立即到防疫部门进行紧急免疫，对于无主犬及野犬发现后应立即捕杀。

🐾 胃内异物

犬胃内长期滞留石块、骨骼、金属、塑料及毛球等物体，不能被胃液消化，又不能呕出或经肠道排出体外，造成胃黏膜损伤，影响胃功能。造成这些症状的原因可能是缺乏维生素及微量元素，使犬有异食癖，乱吃一些石块、沙土、金属、塑料等造成。犬在训练或嬉戏时将异物误咽，个别犬常有喜欢杂物及小石块的恶习，并将异物吞食到胃中。

根据胃内存有异物的大小不同，临床症状有所差异。当胃内异物是金属或锐性物体时，临床上会出现急性胃炎症状，如腹痛、不食、呕吐、呕吐物中带血。当尖锐物体刺破胃壁时，可引起腹膜炎症状。

一般性异物存在胃中，如小的石块、木块、核桃、骨块等，临床上呈现慢性胃卡他症状，如食欲时好时坏、有间断性呕吐史、进行性消瘦。

在诊断上，可根据主人眼见是否吃入异物，根据临床症状，食欲时好时坏，间断性呕吐，消瘦及异食癖病史来进行判断。可以用造影查明异物的种类。

所以主人在喂食时，应给狗狗加入适量维生素及微量元素。同时不让犬接触异物，防止食入。

🐾 胃扩张

胃扩张是由于胃内液体、食物或气体聚积，使胃发生过度扩张所引起的一种疾病。此病在犬型种犬较为多见。犬胃扩张可分为急性胃扩张和继发性胃扩张。

急性胃扩张是由于采食过量，食入干燥、难以消化、易膨胀或易发酵的食物，食后剧烈运动或饮入大量冷水而导致的。继发性胃扩张主要是继发于胃扭转、胃内异物、幽门阻塞、小肠梗阻、蛔虫阻塞、小肠扭转及肠套叠等疾病。另外肝脏、

胆囊、胰腺等的慢性疾病也可以继发慢性胃扩张。

　　患此病的狗狗主要表现为腹痛嗥叫、不安，可见有嗳气、流涎、呕吐、呼吸浅快、心动过速、结膜绀红、腹围增大，触诊腹部表现出疼痛感。严重病例可因脱水、酸中毒、胃破裂及心力衰竭而死亡。

🐾 耳朵异常

　　耳内污浊、有异味、发热、变红，狗狗由于瘙痒来回摆头。健康狗狗的耳朵没有异味，如果有耳垢，请用棉棒或纱布清除干净。在狗狗的耳疾当中，最普遍的疾病是外耳炎。如果耳内只是有一些黑色的分泌物和脏东西，用专门的点耳药就能治好。但如果出现耳朵发烧、溃烂，伴有恶臭、不停地摇头等症状时，就可能是患了严重的外耳炎、内耳炎或中耳炎了。耳部下垂、内耳多毛的品种要特别小心这类疾病。

🐾 鼻子异常

　　如鼻尖干燥、鼻中流出像脓一样的鼻涕、出鼻血、连续打鼻涕。在健康状况下，除了睡觉和刚睡醒时，狗狗的鼻子应是湿润的，表面有一层透明的液体。如果狗狗同时出现没有精神、没有食欲、鼻涕像脓一样、不停地打喷嚏等症状时，有可能是患了鼻腔疾病或是传染病。流鼻血也是很多疾病的一种症状，原因不明地反复出鼻血可能是患了丝虫病。

🐾 维生素A缺乏症

　　维生素 A 又称作视黄醇，主要作用是维持正常视觉和黏膜上皮细胞的正常功能，可促进狗狗生长以及骨骼、牙齿发育，提高免疫功能，且对狗狗的视觉功能有一定的促进作用。狗狗对维生素 A 的需求量大，但一般来说狗狗的维生素

A 缺乏症并不是很多见，只有长期喂缺乏维生素 A 的食物或对食物煮沸过度，致使食物中的胡萝卜素遭到破坏，或者狗狗长期患有慢性肠炎等原因才会导致维生素 A 缺乏。妊娠期和泌乳期的狗狗，如果不加大食物中维生素 A 的含量，也会使狗狗患维生素 A 缺乏症，甚至影响胎儿或幼龄犬的生长发育和抗病能力。

狗狗缺乏维生素 A 的表现

狗狗体内维生素 A 缺乏时，首先表现为暗适应能力降低，步态不稳，甚至患上夜盲症。患病的狗狗角膜增厚、角化，形成云雾状，有时甚至出现溃疡和穿孔，甚至失明；还会出现干眼病；生长停滞、食欲减退、体重减少和被毛稀松也多见，进一步发展则出现毛囊角化、皮屑增多。

雄性狗狗维生素 A 缺乏时会有睾丸萎缩、精液中精子减少等问题，雌性狗狗维生素 A 缺乏时则容易出现流产或者死胎问题，严重一点有可能出现不发育的情况。缺乏维生素 A 的狗狗会产下易患呼吸道疾病的虚弱活仔，成活率低。断奶后缺乏维生素 A 的幼犬，多死于继发性呼吸道疾病。

正确护理的方式：

① 对于已经患有维生素A缺乏症的狗狗，每天口服2～3毫升鱼肝油或维生素A。

② 预防措施主要是平时加强饲养管理，合理安排狗狗的饮食，供给足够的含维生素A的食物，如胡萝卜、黄玉米、脱脂牛奶、鸡蛋、肉类、肝脏等。但要注意适量，过多喂食含维生素A的食物也会有害。

③ 参考成年和正在生长发育的幼龄犬维生素A需求量，增加处于妊娠和泌乳期的狗狗的维生素A供给量，促进对维生素A的消化吸收。可在食物中添加适量的脂肪。

🐾 维生素B缺乏症

B 族维生素属于水溶性维生素，可以从水溶性的食物中获取。多数情况下，B 族维生素缺乏无特异性，食欲下降和生长受阻是共同症状。除维生素 B_{12} 外，水溶性维生素几乎不在体内贮存，主要经尿排出。对于 B 族维生素，不必担心被过量喂食导致狗狗中毒，因为多余的会排出体外，不会在体内存留。

B 族维生素缺乏的原因

B 族维生素对于维持皮毛的健康、防止动物腹泻、促进动物的生长都非常重要。缺乏 B 族维生素可导致皮炎、毛粗乱无光泽、消化不良。造成狗狗 B 族维生素缺乏症的原因有如下几点：

1. 食物长期储存，致使 B 族维生素遭破坏。

2. 食物在高温和某些特定条件下，B 族维生素逐渐被破坏。

3. 狗狗患有慢性肠炎等疾病，导致狗狗对 B 族维生素摄取量不足。

B 族维生素缺乏有哪些症状

1. 缺乏维生素 B_1 的症状：狗狗明显消瘦，厌食，全身无力和视力减退或丧失，还会因坐骨神经障碍而引起跛行，步态不稳。另外颤抖、角弓反张、轻瘫、抽搐和瞳孔散大等都是维生素 B_1 缺乏的表现。

2. 缺乏维生素 B_2 的症状：狗狗消瘦，厌食，贫血，全身无力，还有视力减退或丧失，皮肤上有干性皮炎或肥厚脂肪性皮炎等症状。

正确护理的方式：

 及时补充狗狗所缺乏的对应维生素，或者直接补充 B 族维生素。

 根据狗狗病情，加强饮食管理。饮食中加入生肉、生猪肝、肉骨粉、酵母等对维生素 B_1 缺乏症有好处；乳清、肉、蛋白、鱼等含有丰富的维生素 B_2。生肉、肉骨粉、鱼粉、乳制品中含有丰富的维生素 B_5。

如何防治寄生虫

🐾 犬蛔虫

蛔虫是白色或米白色的圆条状、两头尖的虫。蛔虫病是犬蛔虫和狮蛔虫寄生于犬的小肠和胃而引起的一种肠道线虫病。犬蛔虫主要寄生于1～2个月大的幼犬，狮蛔虫则寄生于6月龄以上的狗狗。这两种蛔虫都是通过病狗的粪便排出虫卵，在温湿度适当的情况下，经过3～5天发育成侵袭性虫卵，虫卵对外界抵抗力很强。

狗狗吞食了被这种虫卵污染的饲料、水，在肠内孵出幼虫。其过程是幼虫进入肠壁随血流入肺，再沿支气管、气管上行至喉头被咽下，最后在小肠内发育为成虫。狮蛔虫幼虫是钻至肠壁内发育，再回到小肠内成熟。

狗狗在得了这种病后，会出现消瘦、黏膜苍白、食欲减退、呕吐、发育迟缓等症状。蛔虫大量寄生可引起肠梗阻或阻塞胆道，由于蛔虫毒素的作用可能出现癫痫样神经症状。

根据临床症状，再取粪便做饱和食盐水漂浮法检查虫卵即可确定。

因此，须彻底清洁犬舍环境，并予以消毒。病犬可服用披帕拉辛、阿斯克、西德拜耳综合驱虫药来驱虫。

🐾 螨虫

狗狗的螨虫病俗称".癞皮狗病"，患病狗狗伴有剧痒、脱毛和湿疹性皮炎等症状，严重时可出现皮肤增厚、大面积掉毛，形成痂皮。该病因剧痒而影响狗狗的休息。

在寄生过程中，螨虫刺激狗狗皮肤，破坏皮肤结构，引起狗狗剧痒和脱毛，

同时皮屑增多，耳内出现卷状"耳屎"或"银屑"。由于皮肤发痒，病狗狗终日啃咬摩擦，严重者可造成局部皮肤破损、出血和溃烂，并影响采食和消化吸收机能，引发消瘦和衰弱。如果是蠕形螨则患部充血、肿胀，发生脓肿。此病一般不会造成死亡，但对弱小狗狗而言，可由于极度烦躁、虚弱而不治。

🐾 犬钩虫

钩虫病是狗狗主要的线虫病之一，在我国西北及南方多见。是由于犬钩虫和狭头钩虫是寄生于小肠内而引起的疾病。虫体长 1 ~ 2 厘米。由于虫体前端弯曲，且口缘有三个锐利的钩状齿，可深深地"钉"在黏膜上吸血。虫体的分泌物能使血液不凝结，引起不断出血，病狗狗由于不断大量失血，造成严重贫血。

病狗狗拉稀带血和黏液，出现瘦弱、贫血、食欲不振、异嗜、呕吐、四肢浮肿和口角糜烂等症状。

防治方法与防治犬蛔虫病相同，定时服药即可。

🐾 线虫

一般是由狼旋尾线虫寄生于狗的食道所引起的犬寄生虫病。线虫的雌虫在食道壁等处的肿瘤中产卵，所产的卵随便便传播到外界，再由中间宿主食粪甲虫吞食，在食粪甲虫的体内孵出感染性幼虫，这些受感染的食粪甲虫被狗吞食后，幼虫在胃中脱离包囊，钻穿胃壁，进入动脉管再到达大动脉，再经血液带入食道壁和胃壁发育为成虫。

狗狗体内有线虫后，主要表现为食欲减退、吞咽困难、呕吐、干咳、结膜苍白、消瘦，严重者有胃扩张及神经症状，少数可因主动脉破裂，发生大量出血后死亡。在病狗狗的粪便中可检查出虫卵。

🐾 心丝虫

心丝虫较常见，是寄生于右心室中的丝虫，长 25 厘米，呈白线状。雌成虫与雄虫在心室内交配后产生胚胎性微丝蚴，蚴随血流至皮下，当蚊虫或蚤叮

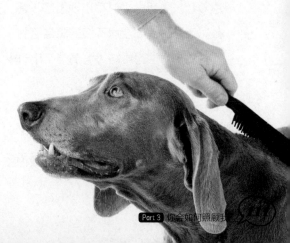

咬、吸血时进入昆虫体内发育，最后到达唾液腺和口器中。

任何品种年龄的犬只，无论户内户外，一年四季，都可能感染犬心丝虫病。当蚊、蚤叮咬其他狗狗时，微丝蚴逸出，钻入皮下、肌间、脂肪组织内发育长大，再经静脉移行进入右心室，待8～9个月后发育成熟。

成虫在右心室内随血流滚动，机械地引起心功能紊乱或心内膜炎，一般情况下无明显症状。严重时可有慢性干咳，易疲劳，呼吸困难、右心衰竭、肝脾肿大、腹水、水肿、血尿、皮肤有小结节或溃疡等症状。

预防是杜绝犬心丝虫病的最佳策略，让爱犬每月服用抗心丝虫药，就能很好地预防犬心丝虫病。

🐾 犬绦虫

狗绦虫病是由多种绦虫寄生于小肠内所引起的常见寄生虫病。其危害在于绦虫可感染人和各种家畜，危害生命。狗狗的绦虫有很多种，绦虫的成熟孕卵节片随粪便排出体外，被中间宿主食入，比如牛、羊、马、骆驼和人，在各中间宿主体内的各个脏

器中形成囊尾蚴，最后狗狗又吃了含有囊尾蚴的各种动物的肉尸及内脏，囊尾蚴在小肠内发育成熟成各种绦虫。

狗狗感染绦虫后症状一般不明显，只能从狗狗排出的粪便中见到乳白色的绦虫节片。大量感染时可出现腹部不适、贫血、消瘦、消化不良等。生南瓜籽驱虫效果很好，还要注意环境的清洁卫生。

防治方法为维持犬舍清洁，定时驱虫。

🐾 跳蚤

跳蚤俗称"革子"，是小型、无翅、善跳跃的寄生性昆虫，成虫通常生活在哺乳类动物身上，以吸食宿主血液为生。如果狗狗身上有这种寄生虫，会让狗狗

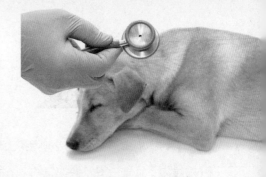

因为皮肤瘙痒而持续用力地咬抓，造成掉毛、流出分泌物等，跳蚤在狗狗身上的位置大多数在尾巴的根部或者臀部（因为这些地方狗狗不容易抓到）。如果狗狗因此将皮肤抓破，就有可能因细菌二次感染而发展成为其他的症状或者皮肤病，如皮脂漏、脓皮症。还有因为跳蚤而造成的贫血症，常常发生在幼犬及重度感染的成犬身上。

防治方法是经常给狗狗梳理皮毛，定期检查狗狗身上的脚掌、耳下、颈部，经常给狗狗洗澡，经常把狗狗的卧具拿出去晒晒太阳并定期清洗。发现有跳蚤时，可使用具有去除跳蚤效果的药剂、喷剂、粉剂等。

🐾 壁虱

壁虱俗称狗鳖、草别子、牛虱、草蜱虫、狗豆子、牛鳖子，蛰伏在浅山丘陵的草丛、植物上，或寄宿于牲畜等动物皮毛间。不吸血时，小的才干瘪绿豆般大小，也有极细如米粒的；吸饱血液后，饱满如黄豆大小，大的可达指甲盖大。

壁虱在宿主的寄生部位常有一定的选择性，一般在皮肤较薄、不易被搔到的部位。这种寄生虫会使狗狗烦躁、贫血，严重时还会引起壁虱麻痹症。

若在狗狗身上发现这种寄生虫，要尽快地移除。注意不要立即用镊子等工具将其除去，因为壁虱体上可能含有传染性病原体，在受到刺激后，壁虱会越发往体内钻，并加大量地释放壁虱唾液，所以直接用工具将壁虱摘除或是用手指将其捏碎的方法是非常不正确的。

正确的做法是：到正规宠物医院，叮嘱医生在叮咬处消毒后进行局部麻醉，麻醉起效后才可用镊子将壁虱去除（注意壁虱口器里的倒刺不能留在体内），之后定期去宠物医院进行检查，并注射相应的抗病毒药物。

预防这类寄生虫的最好办法就是定期检查狗狗的脚掌、耳下、颈部、臀部、尾部，还要经常给狗狗梳理毛发，常给狗狗洗澡，常常使用吸尘器保持狗窝干净整洁，保证狗狗拥有一个干净的生活环境。情况严重时，要及时咨询兽医，也可购买市售去除壁虱的药物、喷剂、滴剂等。

狗狗的梳理与清洁

　　给狗狗做清洁，保持狗狗身上干净、整洁，不仅仅是为了让狗狗更加漂亮，更是为了狗狗能更方便地生活，不会被杂毛影响而降低生活质量，让狗狗少生病。

　　针对这个目的，主人最主要的任务就是帮狗洗澡、剪趾甲、刷牙、清理耳朵、清洁嘴角、梳理毛发，检查并清除跳蚤、虱子等。还有，狗狗某些身体部位的毛发应该定期进行修整，比如嘴角、耳朵、脚等。

🐾 1.洗澡

　　（1）为什么要给狗狗洗澡？

　　狗洗澡就和人洗澡一样，能够保持身体皮肤的清洁和健康，这样不仅有利于狗的生长，还有利于家庭成员的健康，更能够维持家庭环境的干净整洁。

　　6个月以内的狗宝宝由于抵抗力较弱，易因洗澡受凉而发生呼吸道感染、感冒或肺炎。因此，幼犬不宜水浴，以干洗为宜。但是主人必须注意的是，狗天生比较怕水，尤其是年纪比较小的狗宝宝，如果地上有少许水，它也会避开。因此，要训练狗喜欢洗澡，必须慢慢来。在狗比较小的时候，不要将狗抱到浴缸中清洗，最好是准备一个脸盆，在脸盆中倒入温水，让狗站在脸盆中洗澡。等狗熟悉了水的触感后，主人就可以慢慢地将狗放到浴缸中。

　　另外，洗澡时不要让狗的耳朵和眼睛中进水，也不要让狗有溺水的危险。将狗放到水中，用温水将狗的身体润湿，等到狗身体全部湿润后，挤出狗狗专用洗毛液，将洗毛液打起泡沫后，轻轻在狗狗身体上揉搓。冲洗前用手指按压肛门两侧，把肛门腺的分泌物都挤出来，然后慢慢地用莲蓬头冲洗狗狗的身体即可。

　　（2）给狗狗洗澡的步骤

　　√ 水温要适度（37℃左右）

 √ 让全身湿透（注意将狗狗的头部稍微抬高，以避免把水弄进它的眼睛、鼻子）

 √ 加入洗毛液（用手搓揉出泡泡）

 √ 搓洗头部（边洗边按摩）

 √ 搓洗脖子（边洗边按摩）

 √ 搓洗肚子、腰背部（要仔细清洗）

 √ 搓洗四肢（注意脚缝和肉垫的清洗）

 √ 搓洗臀部（注意清洗狗狗的肛门）

 √ 温水冲洗2次（注意不要残留泡沫）

 √ 用吹风机吹干毛发（注意不要让狗狗自然风干）

🐾 2.梳毛

（1）给狗狗梳理狗毛的好处

经常为狗狗梳理被毛，除了可以除去被毛上的污垢和灰尘、防止被毛打结外，还可以促进其血液循环，增强皮肤抵抗细菌的能力。主人经常帮狗狗梳毛，可以把原本脱落的毛一起梳下来，减少狗毛在家中到处飞扬，否则不利家中人

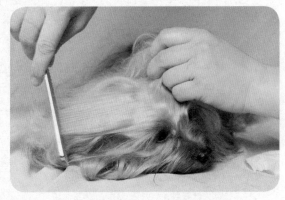

员健康，也容易引发过敏。所以梳理狗狗的毛发对家人和狗狗的健康都有利。

狗有东闻闻、西嗅嗅的习惯，容易吃进异物。如果室内有大量落毛，狗狗在室内活动时，很容易吃进这些落毛，吃得过多就会影响狗狗的消化。主人在梳理狗毛的过程中，不妨和狗狗对话，夸奖它真乖等。只要狗狗被梳得很舒服，以后就会爱上梳毛这件事。

（2）给狗狗梳理狗毛的小诀窍

帮狗狗梳毛时动作应柔和细致，不能粗鲁，否则狗狗会感到疼痛。梳理敏感部位，例如外生殖器附近的被毛时，尤其要小心。梳理时，发现蚤、虱等寄生虫，应立即用细钢丝刷刷拭或使用杀虫药物治疗；另外要注意观察狗狗的皮肤，清洁

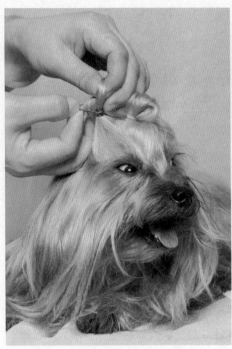

的粉红色为良好，如果呈现红色或有湿疹，则表示有寄生虫、皮肤病、过敏等可能性，应立即治疗。

若狗狗的被毛太脏，在梳毛的同时，应配合使用护发素（1000 倍稀释）和婴儿爽身粉。对毛打结较严重的狗狗，应以梳子或钢丝刷顺着毛的生长方向，从毛尖开始梳理，再梳到毛根部，一点一点地进行，不能用力梳拉，以免引起疼痛或将毛拔掉。无法梳顺时，可将打结部分剪掉，待新毛逐渐长出。

（3）如何正确给狗狗梳理狗毛？

√ 用手固定住狗狗，不要让狗狗乱动；

√ 用狗狗专用的梳毛刷子先梳理狗狗头部的毛发，注意动作要轻柔；

√ 梳理完头部以后，再来梳理狗狗胸腹部的毛发；

√ 梳理狗狗的四肢；

√ 梳理狗狗的背部和侧面；

√ 梳理狗狗的后脚和尾部。

🐾 3.剪毛

（1）了解狗狗掉毛的原因

狗狗掉毛是令所有主人伤脑筋的事情。想要解决这种恼人的问题，主人一定要了解狗狗掉毛的原因。归结起来，总共有四个方面的原因会造成狗狗掉毛。

√ 狗狗在春、秋两季容易掉毛，这属于季节性掉毛，非常正常；

√ 某些皮肤病也会导致狗狗掉毛，例如皮肤瘙痒、湿疹、皮肤感染真菌、过敏性皮炎等疾病；

√ 狗狗体内缺乏营养元素也会导致掉毛，例如维生素和矿物质不足；

√ 有时候，给狗狗洗澡用的洗液如果不适合狗狗的皮肤，也会造成狗狗掉毛。

（2）给狗狗修剪毛发的诀窍

剪毛主要是针对长毛的狗狗，主要作用是为了使它的外观更加干净、整洁、漂亮。剪毛时要小心，不要剪伤狗狗的皮肤。狗狗的皮肤往往弹力不大而松弛，当拉起被毛修剪时，一不小心就会将皮肤剪破，狗狗凭它受伤害的经历，日后就会逃避或厌恶修剪被毛。所以一定要将剪刀与皮肤放至呈平行状，逆毛方向修剪或由下往上剪，才不致剪坏它的皮肤。

给狗狗修剪毛发的手法很多：理短，即用理发推将被毛推平剪短；剪平，用剪刀将毛剪平；敷毛，即用热毛巾包住犬的被毛，将弯曲的被毛弄直，多用来整理较长的被毛；剪薄，用齿状理发剪将又厚又长的被毛剪薄；割短，用齿状剃毛刀将被毛割短。除此之外，还可以烫发、卷发，或将被毛弄成一定的形状。

（3）给狗狗修剪毛发的步骤

√ 先前腿（目的是为了方便狗狗活动，并增加灵活性）；

√ 再前胸（建议将前胸的毛修剪成圆弧状）；

√ 再后腿（可以稍微留长一点儿）；

√ 再肛门（隔2～3个月就应修剪一次）；

√ 最后尾巴和耳朵（应定期修剪或拔除。拔毛时应分次拔除，一次拔除易引起感染）。

萌宠贴士：修剪生殖器毛发的窍门

狗狗在大小便后，脏东西容易黏到生殖器附近的毛上，这样不仅容易使身上产生异味，还容易造成生殖器附近发炎。主人给狗狗修剪生殖器毛发的时候，需注意用比较平实的剪刀，或者是用电动剪刀为狗狗剪生殖器的毛发，刀头要服帖地放在狗狗生殖器附近，不要让刀头跟狗狗的身体平行。

主人在给狗狗剪毛发前，先用手将生殖器附近的毛发拨弄蓬松，这样比较方便操作。在给狗狗剪毛发的时候，应该从腹部开始，由外往里，注意力度要轻，不要太用力，以免刮伤狗狗的皮肤。剃毛的时候，应该是从狗狗的下腹开始，顺生殖器方向，呈U字形修剪。

4.剪趾甲

（1）给狗狗剪趾甲小秘诀

日常的趾甲修剪，除使用专用趾甲剪外，最好在洗澡时，等趾甲浸软后再剪。修剪前，要先将狗狗的脚固定好，以免它乱动造成伤害。要注意的是，每一个趾爪的基部均有血管神经，因此修剪时不能剪得太深。修剪时，将趾甲剪平即可，不要太过挑剔以免弄巧成拙。

如剪后发现狗狗的行动异常，要仔细检查趾部，检查有无出血或破损，若有破损，要立即擦涂碘酒。除了剪趾甲外，还要检查脚枕有无外伤。另外，趾爪和脚枕附近的毛应经常剪短，以防狗狗滑倒。

（2）给狗狗剪趾甲的步骤

√ 让狗狗伸出脚，并适当固定住狗狗，不要让狗狗乱动；

√ 用趾甲剪剪平趾甲三分之二左右即可；

√ 用锉刀将剪过后的趾甲磨平；

√ 剪除多余的脚毛。趾甲和脚趾附近的毛，要小心剪除，以免伤害到狗狗的肉垫。

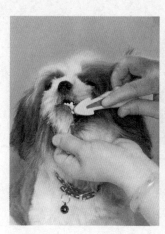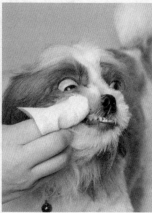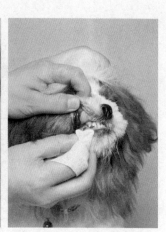

🐾 5.刷牙

（1）如何护理狗狗的牙齿？

狗狗的牙齿非常坚硬，它主要是用牙齿来咀嚼食物，当牙齿咀嚼完食物后，残存的食物会留在牙齿缝隙之中，如果不立即清理，就会出现口臭、长牙垢、牙龈发炎等问题。主人可以每天为狗狗刷牙，但是不要用人类使用的牙膏，可以买犬只专用的牙粉，每周为狗狗清洗一次，也可以给狗狗吃一些洁牙的零食，这些东西也可以达到清洁牙齿的目的。

此外，食物的温度对狗狗也很重要，如果狗狗经常吃太热的食物，到了老年的时候，牙齿就容易脱落，所以食物最好不要超过50℃。

（2）给狗狗清洗牙齿的方法

√ 用牙刷清洗。在牙刷上挤上宠物专用牙膏，一只手把狗狗的嘴唇翻起，用牙刷上下左右刷洗它的牙齿。

√ 用纱布清洗。如果狗狗不喜欢刷牙，可以将纱布缠在手指上，擦拭它的牙齿和牙龈，对去除牙垢也很有效。

🐾 6.掏耳朵

（1）掏耳朵要注意些什么？

　　清洁狗耳朵的时候，可以将狗的头放到主人的膝盖上，让狗侧躺，一只耳朵朝外，固定住狗的头。然后将滴耳液滴在棉花棒上，将棉花棒放入狗的耳朵里面，慢慢转动棉花棒，以便清理耳道。也可以把狗的耳朵外侧轻轻翻过来，扣在头上，让耳道露出来。滴进洗耳水，然后把耳朵翻回来，轻按耳朵，同时用手控制住狗的头，防止它甩出洗耳水，坚持几秒钟，让洗耳水流到耳道深处，再用棉花棒擦掉外耳及耳道内的脏物。接着，以同样方法清洗另一只耳朵。注意不能让狗抓挠耳朵或舔药液。

　　（2）给狗狗掏耳朵的步骤：

　　√ 翻开耳朵，滴入洗耳水；

　　√ 翻回耳朵，轻轻按揉；

　　√ 用棉花棒轻轻擦去外耳及耳道里面的脏物。

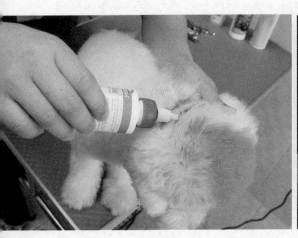
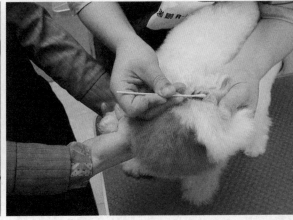

🐾 7.眼睛

（1）如何帮狗狗清理泪腺？

狗狗会流眼泪，而且在眼睛两旁会留下褐色的固体物质。这主要是因为狗狗的泪腺分泌较旺盛，由于泪管与鼻子相通，如果有脏东西进入眼睛里，就会导致鼻泪管堵塞，这时候狗狗就会不停地流泪。如果不及早疏通鼻泪管，就会引起眼睛发炎，致使狗狗不停地挠眼睛，对眼睛造成伤害。如果狗狗眼睛发炎，可以给狗狗的眼睛点红霉素软膏，每天点上 1 ~ 2 次，一般 5 天就会见效，给狗狗眼睛用外用药膏要比用液体药水效果好。如果狗狗眼部没有炎症，当狗狗流眼泪的时候，可以找几根棉花棒，一只手轻轻抬起狗狗的下巴，另外一只手拿着棉花棒，轻轻地擦去狗狗眼角的眼泪和固体物质，保持狗狗眼睛清洁。

（2）清理泪腺的具体步骤：

√ 轻轻地撑开眼睛（注意固定住狗狗的头部，不要让它乱动）；

√ 用浸泡过洗眼水的纱布，擦洗狗狗的眼睛（注意动作要轻柔，以免弄伤眼球）；

√ 滴入眼药水。

顺应四季的护理原则

　　春天，应给狗狗及时梳理毛发。春天是狗狗换毛的季节，应及时梳理脱落的不洁毛发，否则这些毛发就会引起狗狗的皮肤瘙痒。狗狗一旦觉得奇痒难忍，就会有抓搔、摩擦身体等动作，以此来消除身体的痒痛感。而频繁的摩擦会让狗狗皮肤受损，一不小心就可能引发细菌感染，给体外寄生虫和真菌提供机会，引起皮肤病。因此，春季每天早上都应该用梳子和刷子给狗狗梳理被毛。

　　夏天，应注意防暑降温。夏天气温较高，狗狗会将舌头伸到嘴外散热，如果狗狗长期在烈日下活动，就会出现呼吸困难、皮温增高、心跳加快等症状。此时，应尽快将狗狗移到阴凉通风的地方，并赶紧用湿冷毛巾冷敷狗狗头部，情况严重时必须送往宠物医院进行治疗。值得注意的是，当发现狗狗出现惧热的症状时，不能立即将狗狗移到空调底下吹风，因为狗狗骤然受到冷热交替的刺激，很容易导致感冒。

　　秋天过后，气温逐渐下降，尤其是昼夜温差比较大，狗狗夜里很容易着凉。所以狗狗窝内也应适当增加棉被，做好保温工作，防止狗狗感冒。另外，在秋高气爽的季节，给狗狗洗澡、带狗狗出游之后，都要及时吹干狗狗被毛，否则也很容易引起狗狗打喷嚏。

　　冬天，应注意防寒保暖。将狗窝放在室内避风透光的角落，并及时增加和更换被褥，保持干燥。最好让狗窝远离地面，如放在小板凳上面，这样可防止狗窝受潮。在阳光大好的日子里，最好带狗狗去户外活动，以增强体质、提高抗病能力。

读懂狗狗的语言

许多人都说："一只可爱的狗狗，就如同一个内心感情丰富却又不会说话的孩子。"的确，狗狗那无辜的眼神、好奇的表情、摇来摇去的尾巴，不正和孩子一样单纯可爱吗？但是，如果将狗狗当成孩子来调教，那你就大错特错了。要知道，无论多么可爱的狗狗，它的本质仍是动物，不可能了解主人的所有意图。

所以，若想了解狗狗，就要从它丰富的肢体行为下手，平时多细心观察和总结，学会"狗言狗语"，让它信赖你。下面就一起来看看狗狗身体不同部位所传达的情绪，因材施教吧。

🐾 目不转睛

目不转睛就是"挑战"的意味。如果你家狗狗紧盯着别的狗或人，那很可能是在挑衅，也就是准备战斗的前兆。发现这种情况，就要赶紧拉着狗狗回家，不然一场恶战在所难免。

除了面对陌生人，身为主人的你，也应尽量避免和它直视。要是让它觉得你是在挑战它的权威，它有可能冲上来向你狂吠不止。狗是一种不服输的动物，尤其是那种体型较小的狗，往往胆子小却好斗，别被它的外表所迷惑。

如果你想在狗狗面前树立权威，那就和狗狗直视下吧，让它见识你的威慑力。最好能在眼神交流中对它表现出你是坚定而不可战胜的。如果在这场"较量"中，狗狗的眼神左右飘忽不定，不敢直视，往往就表达要躲避正面冲突的意思，或许狗狗已经意识到主人的威力不可小视，心中害怕。这时不要以为狗狗性格懦弱，相反，这正是狗狗对你臣服的表现。

🐾 转动耳朵

转动耳朵意味着警戒和进攻的信号。狗的耳朵可以旋转，当它听到奇怪的声音时，就会把耳朵转向声音传来的方向，继而提高警惕，有时甚至会对声源处发起进攻。如门铃响起的声音、电视机里发出的恐怖声音等，都有可能让狗狗竖起耳朵倾听，并狂吠不止，继而朝它认为有威胁的东西扑过去。

要制止狗狗这种疯狂的行为，你可以对狗狗做出严厉的表情，发出"不要这样"的口令，或用美食诱骗等方法。要记住，打骂并不是最好的方法，因为打骂会让狗狗产生心理阴影，以后再想让它乖乖听话就难了。

如果狗狗面对声源处，却将耳朵伏下去，往往说明来者是狗狗尊敬的人，或是地位比它高的狗狗。总之，此时狗狗不会攻击对方，反而会非常友好，乐意与对方成为朋友。

🐾 活动拳脚

如果狗狗面对陌生人时，先将腿绷紧，然后张开，身体稍向前压，好像运动员在助跑，喉咙里还发出低低的"呜呜"声，或是露出龇牙咧嘴的凶恶表情，这就是一个明显的攻击性动作，狗狗十有八九要向对方攻击了。

🐾 毛发竖起

狗狗也会毛发竖起，当遇到一些它觉得无法应对的外来刺激，如听到雷鸣、飞机轰隆等声音时，往往会心生恐惧，将毛发竖起，使身体看上去比实际大许多，从心理上威吓对方。这时你应该做的是站出来保护你的狗狗，轻轻地抚慰它。狗狗受到你的保护，也会感激你，对你也就更加顺从了。

晃动尾巴

　　不要以为狗狗在任何时刻竖起尾巴都是友好、高兴的表现。只有当狗狗想和主人亲热时，晃动尾巴才是友好、高兴的意思。若面对陌生人，狗狗竖起尾巴，用力左右摇动，则表示狗狗心情不好，告诫人们"不要靠近我"。如果狗狗盯着一个目标，慢慢地晃动尾巴靠近，这时你可要注意了，狗狗很有可能攻击目标。

　　了解狗狗的语言，需要长期的摸索和总结，不要单从狗狗一个部位的动作就判定它的情绪，而要综合它不同部位的动作、表情、眼神和发出的声音来下结论。如此，你就会和狗狗建立一种独特而有效的沟通方式，从而让你们相互了解和信赖，有利于做好训练狗狗的基本工作。

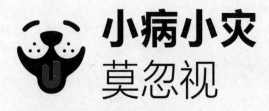

小病小灾
莫忽视

狗狗不同于人，它们健康与否只能依靠主人在生活中多加留心观察。狗狗的健康状况如果能从细微之处发现，便可避免就医看病的麻烦。

体温

幼年狗狗体温为38.5~39℃，成年狗为37.5~38.5℃，清晨、午后和晚上体温略有变化，但一昼夜之间的体温差应在0.2~0.5℃。如果过高或过低就需要关注。

脉搏

安静状态下，正常狗狗的心脏搏动次数为每分钟70~120次，幼年狗比成年狗略高。过快或过慢都需要注意。

呼吸

健康狗的呼吸频率为每分钟15~30次，幼年狗比成年狗稍高，妊娠母狗比未妊娠母狗稍高。

外观

外观体现狗狗的营养状况，健康的狗狗应是肌肉丰满健壮，被毛光泽润滑，生长牢固，一般在春秋季脱换被毛。

精神状况

健康狗狗通常活泼好动，两眼有神，关心周围事物，对新鲜事物充满了好奇。亲近主人，见到熟悉的人会摇头摆尾，对陌生人则避而远之。

食欲

狗狗对于食物天生充满欲望，护食现象也屡见不鲜。仔细观察正常情况下狗狗进食时的吞咽速度、数量、持续时间及吃完后胸围大小等，很容易区分出健康的狗狗和生病的狗狗。

脚垫

成年狗狗脚垫丰满结实，幼年狗狗脚垫柔软细嫩。

眼睛

健康狗狗的眼睛是眼球黑多白少，两眼对称，炯炯有神。拿物体在狗狗眼前晃动，它的视线能够灵活追随着物体。

耳朵

两耳活动自如，对声音的反应极为敏感。当主人在狗狗背后拍手时，能循着声音来找的就说明它的听力没有问题。

鼻子

狗狗的鼻子通常是湿润的，摸上去凉凉的，不流分泌物。如果发现狗狗的鼻子发干，有可能是它正在被疾病侵扰。这一点可作为判断疾病轻重的重要标志。

口腔

口腔中最能反映健康状况的是狗狗的牙龈颜色，粉红色代表狗狗很健康。健康的狗狗口腔稍湿润，不流口水，黏膜呈粉红色，舌面上有淡而薄的苔。

如何确认狗狗病了

🐾 摸一摸

这个动作主要用于检查狗狗的体温，感受一下鼻子和脚掌湿度、心脏搏动、肌肉肌紧张性、骨骼和关节的肿胀变形等。

主人将手指伸直，不施加压力，平贴于狗狗身体表面，依次进行触摸。在检查体温时应用对温度变化比较敏感的手背。当狗狗因为肌肉痉挛而变得紧张时，触摸狗狗会感到肌肉硬度增加；而当狗狗肌肉因为瘫痪变得松弛时，触摸时也会感受到肌肉松软无力。

🐾 按一按

用不同力量对狗狗患部进行按压并用指端缓缓加压，先周围后中心，先浅后深，先轻后重。

在检查的过程中，应该由病变的外围位置向病变位置按压，进行健康对比。病变位置浅或者疼痛比较剧烈的时候，应该用力轻柔，相反则可加大力量。随时注意狗狗的反应，回视、闪躲或反抗都是狗狗敏感或疼痛的表现。

口炎

口炎按炎症的性质可分为卡他性、水疱性和溃疡性口炎，以卡他性口炎较多见。

最常见的原因是粗硬的骨头、尖锐的牙齿、钉子等直接损伤口腔黏膜，再继发感染而发生口炎；其次是误食生石灰、氨水、发霉饲料、浓度过大的刺激性药物；或继发于舌伤、咽炎或某些传染病。

病狗狗拒食粗硬饲料，喜食液状饲料和软软的肉，不加咀嚼即行吞咽或咀嚼几下又将食团吐出。唾液增多，呈白色泡沫附于口唇，或呈牵丝状流出，炎性严

重时，流涎更明显。检查口腔时，可见黏膜潮红、肿胀，口温增高，感觉过敏，呼出气有恶臭。水疱性口炎时，可见到大小不等的水疱。狗狗患溃疡性口炎时，口腔黏膜上有糜烂、坏死或溃疡。根据病史、病因和临床症状即可确诊。

防治时，拔除刺在黏膜上的异物，修整锐齿，停止口服有刺激性的药物。另外，加强护理，给予液状食物，常饮清水，喂食后用清水冲洗口腔等。

药物治疗时，一般可用 1% 食盐水，或 2%～3% 硼酸液，或 2%～3% 碳酸氢钠溶液冲洗口腔，每日 2～3 次。口腔恶臭的，可用 0.1% 高锰酸钾液洗口。唾液过多时，可用 1% 明矾或鞣酸液洗口。口腔黏膜或舌面有糜烂或溃疡时，在冲洗口腔后，用碘甘油或 2% 龙胆紫涂抹创面，每日 2～3 次。对严重的口炎病犬，可服用中药青黛散，青黛散有清热解毒、消肿止痛的功效。

呕吐

狗狗呕吐是比较常见的现象，可能由多种原因造成的。

1. 多次性呕吐表示狗狗的胃黏膜长期受到某种刺激，刺激后立即发生呕吐，直到吐完为止。

2. 如果是因食物腐败变质引起的呕吐，则呕吐物中会含有刚吃下的腐败食物。

3. 呈咖啡色或者鲜红色的呕吐物，提示狗狗患有肠胃炎或胃溃疡的可能性很大。

4. 带有泡沫的无颜色液体呕吐物，表明狗狗在空腹时已吃入了某种刺激物。

5. 大多数时候，当狗狗患有胃、十二指肠疾病，会引起顽固性呕吐，这些呕吐在空腹时也会发生。

6. 胰腺的顽固性疾病也会导致顽固性呕吐。

7. 混有蛔虫或者其他寄生虫的呕吐物，患病原因就不言而喻了。

8. 当狗狗患有某些疾病，如感染犬细小病毒，该病引起的犬传染性胃肠炎一般也会有呕吐的表现。

如何照顾狗狗

① 禁止对狗狗投喂腐败、变质的食物和带有刺激性的药物，并且禁食2小时以上。

② 如果在禁食期间不发生呕吐，可以多次给予狗狗少量饮用水或者冰块，以维持其口腔的湿润度。

③ 24小时后，可以喂食糖、盐、米汤、高糖低脂蛋白或者容易消化的流质食物，并坚持少喂多餐的原则。几天以后方可逐步恢复正常饮食。

④ 按每千克体重 2 毫克、每天 2 次的量投服吗丁啉。

⑤ 将庆大霉素按每千克体重 2 万单位，每天 1 到 2 次口服，可起到消炎的作用。

⑥ 对于胃肠道比较敏感的狗狗，建议主人喂食易消化吸收的胃肠道处方粮。如果是由于食物过敏引起的呕吐腹泻，应喂食含有水解蛋白的低过敏处方粮。在喂处方粮期间，要避免喂食其他食物和零食。

⑦ 投喂多酶片以及益生菌可以起到健胃止痛的作用，同时能够平衡狗狗肠道菌群及恢复正常的肠道 pH 值。

⑧ 如果发现狗狗出现吐血或顽固性呕吐，建议立即带狗狗去宠物医院做进一步检查以确诊。

发高烧

判断发热

　　狗狗的鼻子、耳根、精神状态是其体温的指示器。健康的狗狗鼻端发凉而湿润，耳根部皮温与其他部位相同。即使在睡觉时也对外部环境刺激非常警觉。狗狗体温增高时，鼻子干燥或者发红，耳根部皮肤温度较其他部位高，狗狗的精神状态变得低迷，不思饮食。

　　如果单纯凭经验判断，总会有一些误差，因此，测量体温最准确的方法是用体温计通过直肠检查狗狗的体温。

　　测量时，先将体温计的水银柱甩到 35℃以下，涂上凡士林等润滑剂，由家人固定它的头部，令狗狗安静下来，然后主人拉起它的尾巴，将体温计缓慢而轻柔地插入直肠。

　　根据狗狗的体型确定插入深度，但大多数狗狗至少需要插入 2.5 厘米才能获得准确的读数。3 分钟左右即可取出。

🐾 体温升高的原因

1. 如果狗狗最初的反应是出现喘息，并且存在轻微呼吸困难，开始咳嗽，往往还伴随轻度流涕、打寒战，这通常与感冒有关，狗狗发烧说明它正在抵御某种类型的感染或其他疾病。

2. 接种疫苗后也会出现体温升高的情况，这与免疫系统忙于抵御察觉到的威胁有关。

3. 吃或喝特定东西也会造成狗狗体温升高。

4. 多数传染病，呼吸道、消化道以及其他器官的炎症，日射病与热射病都有体温升高症状。而中毒或患有重度衰竭、营养不良及贫血等疾病时，狗狗体温常常会降低。

🐾 如何照顾发烧狗狗

1. 在春、秋、冬三季气温高时，发烧的狗狗会愈发感到寒冷而发抖，此时要注意保温。尤其是在冬季时，把狗窝加厚会让狗狗感觉更舒服。必要情况下还可用热水袋来提高环境温度。同时，狗狗所处

环境要密闭，以防寒风的侵入。

2. 持续发烧的狗狗，要采取各种降温措施，如用酒精擦身。

3. 狗狗夏季发烧，要降低室温，同时也可采取酒精擦身或冰水浴等降温措施来降低体温。在体温降到 39.4℃时即可停止。

4. 如果狗狗过热，可以让其换到凉爽一些的地方，然后用微湿的毛巾降温或者用花洒喷头淋浴，这个时候让它们喝些水很重要，因为只有舌头和呼吸道有湿气，狗狗才能通过喘息散发热量。

5. 狗狗被毛的数量和长度影响皮肤散热，经常梳理被毛也是给狗狗散热的好方法。

感冒

　　狗狗感冒的主要原因是受寒冷的侵袭，尤其当饲养管理不当时更易发生。如在寒夜露宿，久卧凉地，贼风侵袭，大出汗后遭受雨淋或涉水渡河时受冷水的刺激，长期饲养在阴冷潮湿环境中等，均可使上呼吸道黏膜抵抗力降低，而促使本病发生。

　　当狗狗感冒时，表现出精神沉郁，表情淡漠，皮温不整，耳尖、鼻端发凉，结膜潮红或有轻度肿胀，流泪，体温升高，往往伴有咳嗽、流水样鼻涕，病狗狗鼻黏膜发痒，常用前爪搔鼻。严重时畏寒怕光，口舌干燥，呼吸加快，脉搏增数。通常根据病狗狗咳嗽、流鼻涕、体温升高、皮温不整、畏光流泪等症状可判断其病症。

　　一般治疗时，在早期会采取肌肉注射 30% 安乃近、安痛定液或百尔定液，每天 1 次，每次 2 毫升。也可内服扑热息痛，每次用量为 0.1 ~ 1 克。除此之外，还应改善饲养管理条件，注意保暖，防止贼风侵袭，气温骤变时加强防寒措施，注意日常的耐寒锻炼，以增强狗狗的抵抗力。

鼻炎

多因寒冷刺激，鼻腔黏膜在寒冷的刺激下，充血、渗出，于是鼻腔内的常在菌乘机发育繁殖引起黏膜发炎，或是继发于某些传染病或邻近气管炎症的蔓延。

狗狗得了急性鼻炎，常表现为鼻腔黏膜潮红、肿胀、频发打喷嚏，还会摇头或用前爪搔抓鼻子，随之由一侧或两侧鼻孔流出鼻涕，初为透明的浆液性，后变为浆液黏液或脓性黏液，干燥后于鼻孔周围形成干痂。病情严重时，鼻黏膜明显肿胀，使鼻腔变狭窄，影响呼吸，常可听到鼻塞音。伴发结膜炎时，畏光流泪；伴发咽喉炎时，病狗狗出现吞咽困难、咳嗽，下颌淋巴结肿大。

如果是慢性鼻炎，则病情发展缓慢，鼻涕时多时少，多为脓性黏液。炎症若波及鼻旁窦时，常可引起骨质坏死和组织崩解，因而鼻涕内可能混有血丝，并有腐败臭味。慢性鼻炎常可成为窒息或脑病的原因，应予以重视。根据鼻腔的症状，如鼻腔黏膜的潮红、肿胀、流鼻汁、打喷嚏及抓挠鼻子等症状可确诊。

对鼻炎的治疗，首先应找出病因，将病犬置于温暖的环境下，适当休息。一般来说，急性轻症病犬，常不需用药即可痊愈。对重症鼻炎，可选用药物给病狗狗冲洗鼻腔，如1%食盐水、2%～3%硼酸液、1%碳酸氢钠溶液、0.1%高锰酸钾液等。但冲洗鼻腔时，必须让病狗狗将头低下，冲洗后，往鼻内滴入消炎剂。为了促使血管收缩及降低敏感性，可用0.1%肾上腺素滴鼻，也可用滴鼻净滴鼻。

肺炎

　　肺炎多是由于感冒、空气污浊、通风不良、过劳、维生素缺乏，使呼吸道和全身抵抗力降低时，原来以非致病性状态寄生于呼吸道内或体外的微生物，趁机发育繁殖，增强毒力，引起动物感染发病；或是吸入刺激性气体、煤烟及误咽异物入肺等；或是继发于某些疾病，如支气管炎、流行性感冒、犬瘟热；或有寄生虫，如肺吸虫、弓形虫、蛔虫幼虫等。

　　病犬全身症状明显，精神沉郁，食欲减退或废绝，结膜潮红或蓝紫，脉搏增数，呼吸表浅且快，甚至呈呼吸困难。病狗狗体温升高，但时高时低，呈弛张热型。病犬流鼻涕、咳嗽。胸部听诊，可听到捻发音，胸部叩诊有小片浊音区。通常根据病史和临床症状，诊断并不困难。

　　消炎常用抗生素，如青霉素、链霉素、四环素、土霉素、红霉素、卡那霉素及庆大霉素等，若与磺胺类药物并用，可提高疗效。除此之外，主要是强心和缓解呼吸困难，为了防止自体中毒，应用5%碳酸氢钠注射液等。更重要的是提高机体抗御力，加强日常的锻炼，提高机体的抗病能力，避免机械因素和化学因素的刺激，保护呼吸道的自然防御机能，及时治疗原发病。

心脏病

在狗狗最致命的疾病中，心脏病位列于首位。心脏是哺乳动物身上最重要的器官之一，狗狗当然也不例外。

引起狗狗心脏衰竭的原因，先天、后天都有，但狗狗患心脏病主要是自己身体的先天缺陷造成的，如心脏形成层、心脏的传导系统或血管的缺陷。常引起的行为表现有：

1. 出现低沉的、能引起窒息的咳嗽，呼吸急促。咳喘频繁，即使睡觉时狗狗也可能被咳醒。运动后也容易发生咳嗽，心脏病可以潜伏好几年时间，而最明显的症状之一就是咳嗽。

2. 体能下降，易疲劳，不愿走动，活力变差，但由于这些都是狗狗变老后的普遍情况，容易被主人忽视。

3. 出现明显的体重上升或下降，精神沮丧、牙龈发白也是狗狗患有心脏病的重要表现。

4. 狗狗的胸围或腹围增大，出现水肿，如全身性水肿、腹部水肿或肺部水肿。当同时伴随剧烈咳嗽，不要忽视这种看似"变胖"的现象。

5. 当狗狗出现休克、癫痫、舌头变蓝等症状时，基本上已经是心脏病的晚期了，如果还不及时救治，会有生命危险。

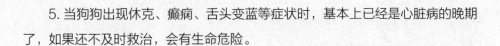

对患有心脏病的狗狗可以采取以下几种护理方式：

1. 应该尽量让其安静休息，避免过度兴奋或激烈运动。

2. 应限制狗狗饮水量。多喂养适宜消化、富有营养和维生素的食物。比如维生素 C，按每千克体重每次喂服 50 毫克的剂量，每天一次，连用 7 ~ 14 天。

3. 心脏病护理原则是减轻心脏负担，缓解呼吸困难和增强心肌的收缩力。如果有条件，可以让狗狗吸氧。还可以在医师的指导下，使用利尿剂缓解狗狗尿少和水肿明显的症状。按时按量喂服速效、高效的强心剂，进而增强心肌的收缩力。

4. 在日常生活中，对于容易激动的患有心脏病的狗狗，主人要提示来访的亲朋好友，尤其是小朋友不要跟其过度玩耍，避免其发生急性休克。对于换季时留有心脏病史的狗狗，避免让其感冒，注意饮食规律。多留心观察狗狗后腿胯下股动脉的活动，若青筋浮现、脉动加速，同时出现了咳嗽急喘等情况，就有可能是心脏病复发，要尽快送医。

肾病

肾脏的主要功能是排泄废物及调节水分与电解质，是相当重要的器官。通常医生会采取抽血检查尿素氨值，来判断狗狗是否患有肾脏疾病。正常的尿素氨值通常在 30 以下，尿素氨值越高，就表示肾脏排泄毒素的功能越差。判断狗狗肾脏疾病严重程度的另一项指标是肌酸，它是由毒素累积在身体之中产生的一种由肌肉所代谢出来的物质。正常肌酸的值在 2 以下，如果两项检测值都超过正常标准，狗狗罹患肾衰竭的可能性很高，超过越多，就越危险。其主要表现是：

1. 一般狗狗在患病的初期没有明显症状。一旦发现狗狗出现口渴、饮水多、多尿等表现，主人还是要留心。如果同时伴有腹泻、呕吐、被毛蓬松和迅速消瘦等症状，就要高度重视狗狗的肾脏。

2. 肾病到后期会发展为慢性衰竭，肾脏彻底失去功能，导致毒素无法排泄，毒素开始在狗狗体内积累。此时观察狗狗，会发现其食欲不良、精神不振、呕吐，甚至出现血便等，同时还伴有泌尿系统问题，易渴、多尿，又或者无尿、寡尿。此时，狗狗出现肌肉震颤，口中有臭气。尿检可发现尿的比重增加，还可检出少量蛋白肾上皮细胞、红细胞、白细胞和病原菌。

3. 在喂食时，要给狗狗特制成低盐或无盐的。如果狗狗和主人吃同样的食物，会导致狗狗肾脏因为盐分负担过重而受损。

对于患有肾病的狗狗的护理可采取以下几种方式：

1. 最重要的是对症治疗，消除病因。尤其是要加强护理，提供营养丰富的乳品，限制肉类及食盐的摄入。

2. 如果发生呕吐，可以通过不限制饮水或补液的方式，以保持正常水合作用，避免应激反应。

3. 对于患有肾衰竭的狗狗来说，调整食物成分可以满足狗狗的营养和能量需求，改善尿毒症的临床症状，减少电解质、维生素和矿物质紊乱，从而减缓肾衰竭的过程。另外，定期监测狗狗各项生理指标和体检也是治疗的重要组成部分。

尿路感染

狗狗尿路感染是由病原体侵犯尿路黏膜或组织引起的尿路炎症，这类炎症多数是由细菌直接引起的，真菌、原虫或病毒感染也可引发。

其具体表现为：

1.当狗狗患有下泌尿道、生殖道感染，膀胱或者尿道结石等时，其舔泌尿生殖道口的频率增加。排尿次数增加，但排出尿量很少或没有。有时会发出呻吟的声音，常伴有疼痛及血尿。如果原本只在户外排尿的狗狗突然在家里尿尿，主人要加以重视。

2.如果尿路感染比较严重，主人会观察到黏液性或脓性的尿道分泌物，甚至排出坏死脱落的尿道黏膜。

3.泌尿道异常的狗狗常会伴有尿液的异常味道，严重的可能会有腥臭味。泌尿道感染后，由于疼痛，一些狗狗小便时会出现弓背动作。尿液呈断续排出，尿道口红肿。

4.狗狗突然在家尿尿或者滴尿，可能是因为泌尿道感染无法控制自己排出小便。

🐾 如何护理尿路感染的狗狗：

① 当狗狗出现泌尿道感染情况时，主人应收集新鲜的尿液，去医院做尿液检查。一般情况下，泌尿道的感染可用适当的抗生素加以控制，其他泌尿道感染疾病应当遵医嘱。

② 为了防止细菌在泌尿道内停留过久、不当增殖引起发炎，应当鼓励狗狗多喝水，增加尿液灌流频率。

③ 有在户外排尿习惯的狗狗应增加外出散步的次数，防止憋尿的情形发生。

④ 造成狗狗尿结石的一个重要原因是长期饮用含钙质高的水，或者摄入过多含钙高的食物，导致尿中钙盐浓度过高，进而沉积在尿道、膀胱或肾脏。因此要改变狗狗的饮食种类，增加维生素 A 的摄入，或根据医师的建议换用对应饲料。

⑤ 长期饮水量过少也容易引发尿结石，应增加狗狗饮水量，促进尿液生成。降低尿液中的矿物质的浓度，避免结晶产生。

⑥ 定期做尿液检查，掌握尿液酸碱值控制状况。如果发现狗狗的尿结石过多、过大，主人就要考虑给它做手术了。

佝偻病

狗狗的佝偻病，多见于 1 ～ 3 个月大的幼犬，是幼犬因缺乏维生素 D 和钙而引起的一种代谢病。患有此病的狗狗会骨骼变形、走路畸形，非常痛苦。

发生佝偻病的原因多由维生素 D 不足或缺乏而引起。另外，钙、磷缺乏或严重比例不当、甲状腺机能异常、肠内寄生虫过多，妨碍钙、维生素 D、蛋白质吸收，也会引起佝偻病。

当狗狗表现出以下行为时，可推测狗狗得了佝偻病：

1.狗狗吃墙土、泥沙、污物等，还会舔舐别的动物或自身的腹部，此时就要怀疑它是不是患上了佝偻病。

2.患有佝偻病的狗狗会因异嗜引起消化障碍，不活泼，继而消瘦。而且患有佝偻病的狗狗换齿晚。

3.狗狗日常步态强拘、跛行，起立困难，特别是后肢运步受到障碍，狗狗往往呈膝弯曲姿势、O状姿势、X姿势，可见有骨变形；膝、腕、踝关节部骨端肿胀，呈二重关节。

🐾 如何护理患佝偻病的狗狗：

① 早期治疗可以给狗狗使用维生素D制剂，在饲料中添加鱼肝油，内服量为每天每千克体重400单位。

② 最简单的预防方法就是科学合理地为狗狗准备食物，满足其身体成长对各种营养物质的需求。

③ 哺乳期的狗狗会流失大量的钙质，如果狗狗钙质不足，小奶狗也会钙质吸收不好，因此要给哺乳期的狗妈妈补钙，经常带狗狗运动，晒晒太阳，促进钙质的吸收。

骨折

各种直接或间接的暴力都可引起骨折，如摔倒、奔跑、跳跃时扭闪，重物轧压，肌肉牵扯，突然强烈收缩等。此外，患佝偻病、骨软症的幼犬，即使外力作用不大，也常会发生四肢长骨骨折。

骨折的特有症状是：变形，骨折两端移位，患处呈短缩、弯曲、延长等异常姿态；其次是异常活动，如让患肢负重或被动运动时，出现屈曲、旋转等异常活动，在骨断端可听到骨摩擦音。

此外，尚可出现出血、肿胀、疼痛和功能障碍等症状。在开放性骨折时常伴有软组织的重大外伤、出血及骨碎片。此时，病狗狗全身症状明显，拒食，疼痛不安，有时体温升高。

发生骨折后，应当以最快的时间处理，以免发生二次伤害。可采取以下措施：

1	紧急救护	在发病地点进行，以防移动病狗狗是骨折断移位或发生严重并发症。紧急救护包括两项内容：一是止血，在伤口上方用绷带、布条、绳子等结扎止血，患部涂擦碘酒，创内撒布碘仿磺胺粉；二是对骨折处进行临时包扎、固定后，立即送兽医诊所治疗。
2	整复	取横卧体位绑定，在局部麻醉条件下整复、四肢骨折部移位时，可由助手沿肢轴向远端牵引，使骨折部伸直，以便两端正确复位。此时应注意肢轴是否正常，两肢是否同长。
3	固定	对非开放性骨折的患部做一般性处理后，创面撒布碘仿磺胺粉，再以石膏绷带或小夹板固定。固定时，应填以棉花或棉垫，以防摩擦。固定后尽量减少运动，3～4周后可适当运动，一般经40～60天后可拆除绷带和夹板。
4	全身疗法	可内服云南白药，加喂动物生长素、钙片和鱼肝油等。对开放性骨折的犬，可应用抗生素及破伤风素，以防感染。

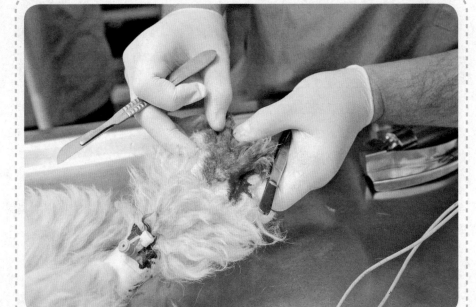

创伤

创伤的因素主要有刺创、切创、砍创、撕创和咬创等。创伤的主要症状为出血、疼痛、撕裂。严重的创伤可引起机能障碍,如四肢的创伤可引起跛行等。

在护理伤口时,如果是新鲜创伤,在剪毛、消毒及清洗创伤附近的污物、泥土后,根据受伤程度采取相应的措施。如小创伤可直接涂擦碘酒、5%龙胆紫液等;如创伤面积较大,出血严重及组织受损较重时,首先以压迫法或钳压法止血,并修整创缘,切除挫伤的坏死组织,清除创内异物,然后进行必要的缝合。

如果是陈旧创伤或感染创伤,应以3%～5%过氧化氢溶液洗涤,创口周围3～4厘米处剪毛或剃毛。对皮肤消毒后,涂以5%碘酒,然后根据创伤性质及解剖部位进行创伤部分或全部切除。如创缘缝合时,必须留有渗出物排泄口,并用纱布引流,也可使用防腐绷带或进行开放治疗。治疗中应根据病狗狗的精神状态,进行全身治疗。

脓肿主要继发于各种局部性损伤，如刺伤、咬创、蜂窝组织炎以及各种外伤，感染了各种化脓菌后形成脓肿，也可见于某些有刺激性的药物在注射时误漏于皮下而形成无菌性的皮下脓肿。

各个部位的任何组织和器官都可发生，其临床表现基本相似。初期，局部肿胀，温度增高，触摸时有痛感，稍硬，以后逐渐增大变软，有波动感。脓肿成熟时，皮肤变薄，局部被毛脱落，有少量渗出液，不久脓肿破溃，流出黄白色黏稠的脓汁。在脓肿形成时，有的可引起体温升高等犬身症状，待脓肿破溃后，体温很快恢复正常。

脓肿处理及时，便会很快恢复，如处理不及时或不适当，有时能形成经久不愈的瘘管，有的病例甚至引起脓毒败血症而死亡。发生在深层肌肉、肌间及内脏的深在性脓肿，因部位深，波动不明显，但其表层组织常有水肿现象，局部有压痛，全身症状明显，并有相应器官的功能障碍。在必要时，还可进行穿刺，如抽吸到脓汁，即可确诊。

治疗时，对初期硬骨性肿胀，可涂复方醋酸铅散、鱼石脂软膏等，或以0.5%盐酸普鲁卡因20～30毫升、青霉素钾40万～80万单位进行病灶周围封闭，以促进炎症消退。脓肿出现波动时，应及时切开排脓，冲洗脓肿腔，用纱布引流或采取开放疗法，必要时配合抗生素等全身疗法。

食物中毒

在日常生活中，狗狗最容易遭遇的中毒有黄曲霉素中毒、灭鼠药中毒、洋葱中毒、巧克力中毒以及铅中毒。天气潮湿或保存不当会导致狗狗粮食发霉，发霉变质的食物中会产生黄曲霉素，其代谢产生的物质具有强烈致癌的作用，同时对肝脏产生侵害，严重的会导致肝细胞变性、坏死。

中毒的狗狗精神沉郁，体温升高，呕吐，腹泻和腹痛，食欲降低。严重腹泻时，可视黏膜和皮肤无黄染，便中带血，肠内积气，腹围增大，甚至出现休克。

除了黄曲霉素，变质食物中的细菌，如葡萄球菌、沙门氏菌、肉毒杆菌等，也会引起狗狗的中毒。中毒的狗狗会出现严重呕吐、腹痛、下痢和急性胃肠炎症状。中毒严重时，可引起抽搐、不安、呼吸困难和严重惊厥。

🐾 灭鼠药中毒

狗狗会因为误食含有灭鼠药的诱饵，或误食中毒死亡的动物尸体而中毒。

呕吐、食欲减退、精神不振等会在中毒初期出现，进而发生牙龈出血，鼻涕、粪便和尿液中带血，皮肤呈现出紫斑；严重时出现角弓反张，牙关紧闭，肌肉痉挛、震颤，瞳孔缩小，四肢强直呈游泳状；后期呼吸高度困难，黏膜发绀，最终窒息死亡。

内出血是狗狗灭鼠药中毒的最大特征，但在此症状出现前常有2～5天潜伏期。内出血发生在胸腹腔时，会出现呼吸困难症状；发生在大脑、脊椎时，出现神经症状；发生在关节时，出现跛行，还可见管腔内出血、皮下及黏膜下出血。皮下出血可引起皮炎和皮肤坏死，严重时鼻孔、直肠等天然孔也会出血，中毒量多可在胃部出现典型出血症状，最终导致死亡。

🐾 洋葱中毒

这种人类常见的食物对狗狗来说是相当危险的。大蒜和洋葱这两种食物中含有大量的硫化物，这是引起狗狗中毒的根本原因。中毒最显著的特征是突发性地排出红色或红棕色的尿液。狗狗精神沉郁，食欲根据严重程度表现差或废绝，心跳加速，喘气，虚弱乏力，可视黏膜苍白，并发生黄疸。

🐾 巧克力中毒

由于体内缺少分解巧克力咖啡因和可可碱的酶，因此狗狗对巧克力极敏感。

当长时间或过量摄入巧克力时，容易引起中毒。主要表现是呕吐，排尿增多，过度兴奋，颤抖，呼吸急促，虚弱并发生癫痫，有时甚至死亡。

🐾 铅中毒

铅广泛存在于我们的生活中，如油漆、燃料、含铅涂料、铅锤等，土壤和空气均可被污染。狗狗每天都要外出散步，主人未必能及时察觉狗狗铅中毒。铅中毒的狗狗会表现出骚动不安、腹痛、呕吐、贫血、眼球内陷。此外还有神经过敏、意识不清、痉挛、麻痹、昏睡等症状。有些狗狗还会突然兴奋不安，持续性狂叫，到处奔走，最后表现为麻痹或者昏睡。

🐾 正确护理的方式

1. 催吐可以使进入胃的毒物排出体外，是最常用的处理措施，适合在进食有毒食物时间不长的情况下使用。如果时间过了 4 小时左右，再催吐就没多大意义了。

2. 防止狗狗食物中毒，最可行的办法就是平时加强观察，准备新鲜健康的食材。尤其在炎热的夏天，很多的食物都容易腐烂变质，给狗狗喂食时，一定要确定食物新鲜，之后再给狗狗吃。

过敏

狗狗过敏时常常会皮肤瘙痒、红肿，耳道出现褐色分泌物，被毛颜色发生改变，出现异味及红疹，严重时脱毛，皮肤呈鳞状；还会出现消化不良、腹泻、呕吐或长期软便；不断抓挠和舔舐身体、频繁甩动耳朵，啃咬皮肤有损坏的部分，啃咬爪子，情绪急躁、不安。

🐾 过敏的原因

生活中的过敏源很多：接触性过敏，如树、草、花粉、清洁用品、羽毛、灰尘和尘螨、香烟、香水、面料、杀虫浴液、皮屑、橡胶、塑料材料；食物类过敏，如牛肉、鸡肉、猪肉、玉米、小麦和大豆等；寄生虫过敏，如跳蚤和虱子；药物过敏一般为急性过敏。

🐾 如何判断过敏

如果狗狗对某种物质严重过敏，虽然比较危险，但好处是可以即刻判断出过敏源。然而大部分的过敏并不是立即发生的，分辨致敏源变得比较棘手。生活中仔细观察狗狗过敏前后接触的物质，可以分辨出一些相对明显的过敏源。当然，

带它到宠物医院做过敏测试是个比较便捷的方式。但是对于难以分辨的食物过敏，判别需要的时间就长了。主人可以将狗狗日常食用的食物一样样排除，直到发现导致过敏的食物品种。

主人应该怎么做

最好的办法是彻底去掉环境中的致敏源，避免接触。

每年 6 月，使用外用除虫喷剂对狗狗进行预防性除虫工作。在平常生活中，狗狗使用的窝垫每周至少要清扫 2 次，最好在太阳下曝晒消毒。家中的地毯、窗帘等容易沾染灰尘的物品也要及时清洁，外出时主人要注意环境卫生。

对于已经发生过敏的狗狗，每周用专业抗敏沐浴露洗一次澡，这样可以帮助它缓解瘙痒，同时也能消除像花粉这样的致敏源。不过，这样做的前提是需要选对沐浴液，频繁用错误的沐浴液洗澡会让狗狗皮肤变得干燥。

对食物过敏的狗狗，需要更换处方粮。过敏严重的，要使用可的松这样含有激素的药物来控制过敏。

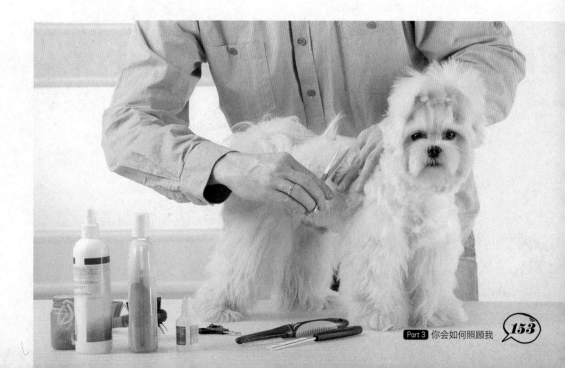

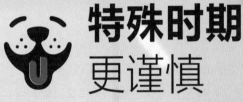

特殊时期
更谨慎

狗狗的妊娠期平均为 62 天，58 ~ 64 天都属于正常周期。对这一时期狗狗喂养的重点是提供营养合理全面的食物，增强狗狗的体质。

在狗狗怀孕期间，胎儿还较小，不必特意给狗狗准备特别的饲料。三餐定时即可，同时应注意饲料的适口性，改善狗狗妊娠初期食欲较差的情况。

怀孕一两个月后，由于胎儿开始迅速发育，主人需要增加食物的供给量以满足这一时期狗狗对各种营养物质快速增加的需要量。同时，还应给狗狗补充如肉类、动物内脏、鸡蛋等富含蛋白质的食物，骨头汤、鱼汤更佳。

在妊娠后期，主人应将狗狗的喂养次数增加到每天 4 次，增加一些易消化的饲料，以促进胎儿骨骼的发育。但由于胎儿将狗狗的腹腔塞满，此时要多餐少喂。尽量不要让其吃生冷的食物和饮用水，以防流产。

临产前，狗狗因不安会出现拒食，这个时候不要强迫狗狗进食，此时要供给盐水或清水，防止狗狗的胃肠负担过重，不利于分娩。多安排狗狗在室外进行日光浴和进行适量的运动，以促进母体及胎儿的血液循环，保证母体和胎儿的健康。冬夏两季主人尤其要注意，不要让怀孕的狗狗暴晒或受寒。

在日常照护上，妊娠期可对狗狗进行适当梳理，以促进皮肤的血液循环。长毛的狗狗应在产前剪去乳头周围的被毛。平常时要注意乳头和阴部的卫生。分娩前一个月每隔几天用温水和肥皂将狗狗乳头洗净擦干，防止乳头感染。

如果在妊娠期间，发现狗狗患病要及时就医，切勿自行投药，以免造成胎儿畸形或者引起流产。如果主人要出远门，请尽量不要让外人照看，保证其休息。狗窝要宽敞、清洁、干燥、空气流通、光线较暗。

分娩时这样照顾

狗狗在生产前，主人应该为狗狗准备一个足够大的纸箱作为狗狗的产房，里面垫上狗狗尿布。产房需要在安静、远离主要街道的房间，大小以狗狗有足够的位置躺下且能伸展四肢为宜。

准备剪刀、碘伏、缝线、干净毛巾、脱脂棉或者棉签，以准备为没有经验的狗狗助产。在分娩前的 1～2 天，狗狗会出现用爪刨地、啃咬物品的情况，主人可观察到其精神不安，四处寻找僻静、黑暗的地方，初次生产的狗狗这一表现更为明显，说明此时狗狗正在准备它生产用的地方。

临产期，狗狗外阴部和乳房部肿大、充血，可挤出乳汁；阴道内流出水样透明黏液，同时伴有少量出血。即将生产时，狗狗会出现阵痛、排尿次数增加、呼吸加快，发出呻吟尖叫声，主人此时要密切观察。

当狗狗的腹部明显收缩，开始经常性地起立坐下、频繁舔舐阴部时，说明狗狗正在为新生命的出生而努力。这些动作将持续 20～60 分钟，第一只幼犬就会出生。生产后狗狗会舔掉幼犬身上包裹着的一层羊膜以及胎盘，还会把脐带咬断。

在幼犬出生后，给狗狗喂一些葡萄糖水和哺乳期专用奶粉，供给足够的水。如果狗狗愿意进食，可饲喂少量肉食。每日四餐，少食多餐。产后狗狗会进入大约四周的子宫修复期，排出暗红色恶露，产后 12 小时变成血样分泌物，2～3 周后则变成黏液状，一个月后停止排出恶露。

 **主人需要做的**

如果第一次做妈妈的狗狗不会舔小狗，不会在必要的时候撕开羊膜或者咬断脐带，或者狗狗因为各种原因不去理睬还包裹着胎膜的幼犬，这时候主人必须插手，否则小狗就可能要夭折了。

①将胎膜撕开，将幼犬保持头下脚上的姿势，擦净狗崽崽身上及口、鼻的黏液。擦拭幼犬口鼻，促进呼吸。

②用碘伏将事先准备好的剪刀和缝线消毒。先用碘伏擦拭，再用75%酒精脱碘或者直接擦手，确保自己的手是干净的。在离狗狗体壁1～2厘米的地方，用缝线结扎脐带，并用剪刀剪掉多余部分。带有缝线的部分会随着幼犬的生长脱落。

③要把小狗崽放到狗狗的嘴边，让狗狗舔干净小狗崽的毛。

刚出生的幼犬，如果鼻腔被黏液堵塞或羊水进入呼吸道，会造成窒息、假死。主人需要立即将狗崽两后腿提起来头朝下，把羊水排出，然后擦干口、鼻内及身上的黏液。也可有节律地按压胸壁施行人工呼吸。最后把狗崽轻轻地放到狗狗乳头附近，让其吃奶。

哺乳期的营养

　　怀孕的狗狗分娩后进入哺乳期，这一时期应满足其体内的营养需要，配置营养平衡、适口性好、容易消化的食物，确保其产奶，促使幼犬正常发育。

哺乳期狗狗的喂养须知

① 狗狗在产仔的6小时内会非常虚弱，主人只需提供清洁的水。过后几天以营养丰富的流食或半流食为主。牛奶冲鸡蛋、肉汤泡大米饭、豆浆都比较合适。

② 度过这一时期，喂养时就要考虑狗狗的需要了。哺乳期的第一周，食物比平时增加50%，第二周增加1倍，第三周可大量增加到3倍，视狗狗情况而定。之后逐渐减少喂养的次数，但每天不少于3～4次。饲喂要定时定量，不要随意改变食物，以免引起消化障碍。

③ 足量供应清洁的饮用水。常检查幼犬吃奶情况，对泌乳不足的母犬可喂红糖水、牛奶，也可将亚麻仁煮熟后拌在食物里以增加乳汁。

④ 搞好母犬的梳理和清洁工作。每天用蘸有消毒药水的棉球擦拭乳房，再用清水洗净，并认真检查乳房情况，以防乳房发炎。

⑤ 天气暖和的时候带母犬多去室外散步并进行适当活动，逐渐由半小时增至1小时左右，但避免剧烈活动。

⑥ 及时更换垫料，搞好室内卫生，每月应消毒一次。此外，还应注意保持周围环境安静，避免强光刺激，让母犬与幼犬得到很好的休息。

哺乳期小狗狗的日常护理

① 产后4天，主人要随时注意小狗狗是否被压伤，有没有吃到奶。

② 5天以后，可开始带小狗狗和狗妈妈外出晒太阳，呼吸新鲜空气，当然只限定于风和日丽的好天气。一般每天2次，每次半小时左右。阳光中的紫外线可以杀死小狗狗身上的细菌，促使骨骼发育，防止软骨症的发生。当小狗狗能行走时，可放到室外走走，最初时间要短，之后逐渐延长。

③ 长至13天左右，小狗狗才能睁眼，在此之前千万不要扒开狗狗的眼睛。即使狗狗能自己睁开眼睛，也要避免强光刺激，以免损伤眼睛。

④ 20天以后，可让狗妈妈带着小狗狗自由活动，时间不限，依然要挑选好天气的时候进行。注意保暖，防止感冒。如果小狗狗被雨淋湿，则要马上用干毛巾擦干，放回窝内。这个时期可以给小狗狗修一次趾甲，以免在哺乳时抓伤狗妈妈的乳房。

⑤ 1个月大时，给小狗狗驱虫。主人需要经常对小狗狗的身体清洁、刷拭，以保持身体健康卫生。

 总之，哺乳期小狗狗饲养管理要做到：营养充足，保证睡眠，适当活动，搞好卫生。

绝育是为了长久地陪伴

🐾 绝育让狗狗生命延长

　　绝育问题可能令主人很困扰，其实很大程度上，狗狗绝育是利大于弊的。因为不断的、过度的生育活动会使狗狗身体器官加速老化，缩短狗狗的寿命，而绝育手术能使狗狗的寿命延长。

　　同时，绝育手术还能使狗狗减少患病的机会，让其活得更健康。绝育手术可减少雌性动物患子宫癌、卵巢癌及乳腺癌的机会，也可使雄性动物减少患睾丸癌的机会，降低前列腺疾病的发病概率。

　　绝育手术还可以改变狗狗的性格，减少或彻底改变狗狗到处撒尿、嚎叫，外出游荡、打斗的习惯，从而大大减少狗狗走失或受伤、被传染疾病的机会。此外，还能使狗狗变得更加富于感情，乐于与人相伴，与主人关系变得密切，性格温顺、可驯。

🐾 手术前准备

1.手术的最佳时间应在狗狗的身体充分发育后，即第一次发情后、第二次发情前，不要在发情期做手术。因为处在发情期，狗狗的子宫脆性增加，血管增多、变粗，此时做绝育手术会加大手术风险。

2.手术前为了避免腹压过大，防止手术过程中造成的呕吐，增加手术不必要的难度，应该对狗狗进行6~8小时的禁食、2小时的禁水。禁食时间理论上不应超过12个小时。

3.最好准备一个空间比较充足的箱子或者凳子，保证手术后狗狗有足够的地方休息。

🐾 手术后的护理方法

1. 手术后的 6 ~ 8 小时，在狗狗没有完全清醒的情况下，气管等部位处于麻痹状态，应对其禁食禁水。避免液体呛入气管而危及生命。

2. 狗狗完全苏醒后，可给予它高营养的流食。

3. 术后注意对狗狗进行保暖，因为在一段时间内它的体温会稍低。

4. 一般情况下，狗狗伤口的疼痛是可以忍耐的。若狗狗异常疼痛，可以要求医生为其注射止痛药，因为疼痛应激的情况是不利于伤口愈合的。

5. 手术后一周要限制狗狗的剧烈运动，以避免造成伤口裂开，也尽量避免外出。

6. 每天对伤口进行消毒，尽量保持伤口干燥。

7. 在伤口愈合过程中，狗狗会有舔舐自己伤口的习惯，容易造成缝线的断开、伤口感染。所以术后直到拆线，都要给狗狗佩戴伊丽莎白圈。佩戴时不宜太紧，也不宜太松，内圈跟颈部之间要留有一根手指的空隙。

8. 绝育手术的时间选择也很重要。如果太早，绝育手术会影响狗狗正常的激素分泌，进而影响它们的发育，所以过早做此手术会对狗狗身体各方面造成相当大的影响；但若太迟做，主人就要忍受成年狗狗在生理周期所带来的种种麻烦。所以，雄性狗狗大概是在 7 ~ 8 个月时做手术较为恰当，而雌性狗狗最好是在第一次生理循环之后再做绝育手术，因为这样可以确保狗狗整体的生长发育达到一定的成熟程度。

照顾情绪不好时的狗狗

在主人出门度假旅游时，狗狗其实很想跟着一块去，若是把它扔在家里不管，它每次都会将家里弄得乱七八糟。这时候，你就要当心狗狗是不是患上了"分离焦虑症"，破坏欲强是此症的主要特征。此外，随意在家大小便、乱吠叫、呕吐、舔舐过度等，都有可能是狗狗患上分离焦虑症的症状。这时不妨带狗狗去专业宠物医院做个检查，医生会告诉你如何对症治疗，让狗狗恢复往日的神采。

狗狗的精神分裂是指长时间和社会脱节后所产生的异常行为，如喜欢攻击同一屋檐下的其他宠物，在狗屋里无休止地转圈，还有瞌睡、神经敏感、内分泌失调等。这些都缘于狗狗存在孤独的心理。如果发生了这种状况，主人应及时安抚，不要让狗狗心里产生被抛弃、被冷落的感觉。如果可以的话，带狗狗一起外出吧。

Part 4

内外兼修，争做"绅士淑女"

当**幼犬**长到3~4月龄时，
就可以开始对它训练一些简单的科目，
如用鼻子嗅探和用嘴进行衔物等。
一岁以前对宠物犬的饲养和训练决定了它的未来，
所以对宠物犬的教育训练要尽早开始啦！

训练的
基本技巧

　　首先，应当培养宠物犬的条件反射，在一个清静且外部干扰少的场所进行；其次，应当使宠物犬的条件反射逐步复杂化，即加强宠物犬不断适应新环境的能力；最后，是在复杂环境中，有诱惑刺激信号出现时，宠物犬仍能执行口令。

　　为了使宠物犬顺利地掌握所教技能，驯犬人应当运用一定的方法和手段，以灵活的方式培养宠物犬的能动性，从而使训练出的宠物犬真正成材。

食物刺激法

　　用食物刺激训练狗狗，因为食物能够刺激狗狗神经系统，引起狗狗的食欲兴奋，尤其是其喜欢的食品。此法能有效使受训练的狗狗积极参与训练，迅速完成训练科目。

　　食物刺激法也可以作为一种鼓励的

手段。当受驯犬很好地完成了指定动作后，为了巩固条件反射，可以给它喜欢的食物，以作为奖励。

食物刺激法也可以作为一种缓解的手段。当受训犬在较强的机械刺激下完成了规定动作时，为了缓解受训犬的神经，加强它对人的依赖性，可以喂些食物。

食物刺激法是积极的，受训狗狗乐于接受，因而宠物犬的动作会自然活泼，神经也会处于兴奋状态。但这种方法也有一定的局限性，即不能完全保证宠物犬按照人的指令去做，如果使用不当，会让宠物犬造成食物依赖症，导致必须要有食物才能接受指令。

机械刺激法

机械刺激法是利用机械，如皮绳、狗链，迫使受训狗狗做出某种反应的方法。

这种方法可以用作强迫手段。比如领爱犬外出时，有的宠物犬喜欢在主人面前横穿快跑，而有的宠物犬则东张西望地跟在主人后面蹦蹦跳跳，为了控制这两种宠物犬，主人必须给狗狗戴上狗链或绳索，将其控制在自己身旁，使它既不能超前，也无法落后。

机械刺激法也可以作为禁止的手段。如果想要阻止爱犬去做什么，在发出制止口令的同时，可辅以强制手段配合，如受训狗狗乱咬路人。随地捡食、追捕家禽时，这种方法最为有效、及时。

机械刺激法还可以对宠物犬采取一定的惩罚措施。如果受训犬屡犯错误，严厉斥责无效，漠视主人权威时，便要采取机械刺激法进行教育，这种方法常常对成犬的毛病矫正十分有效。

机械刺激法属于外部的、简单的方法，比较生硬。因此，在使用上要注意强度适当，应根据受训犬的特点区别对待，尤其是对待幼犬，如果刺激过强，会使宠物犬的兴奋神经受到抑制，影响训练效果，也容易影响宠物犬对人的依赖性。所以，为了缓和宠物犬的神经状态和巩固条件反射，这种方法应和奖励等手段配合使用。

运动模仿训练

这是利用训练有素、颇具教养的宠物犬的行为去影响或带动受训犬的训练方法。

这种方法常用于宠物犬还未长成时，因为它们正处在生长发育过渡阶段，最容易接收他"人"的影响，其他宠物犬的行为往往会成为它们主动模仿的对象。

当然，选择模仿的成年犬必须是能够占支配地位、起表率作用的优秀宠物犬才行，否则这种方法很难生效。

奖惩并用法

　　奖惩并用法就是将机械刺激、食物刺激或与食物刺激性质相似的抚摸、口头表扬结合使用的方法。这种方法不仅使宠物犬知道不该做什么，也让它们知道应该做什么，奖罚分明，效果最好。

冷漠忽视法

　　当你和一个人交往时，如果这个人眼中完全没有你，你还会和这个人交往吗？当然不会。狗狗也是这样，如果你对它的吼叫无动于衷，它最终会因为无趣而停止动作。在使用这种方法时，一定要"狠心"，不理就彻底不理。切忌转身离开后又心生不舍，回过头来安慰几句。对你来说可能这样的行为代表婉拒，但在狗狗看来，这可能就变成了一个玩耍的游戏。

训练的
要领

训练的方法多种多样，而为了使宠物犬能根据主人发出的口令、手势，顺利、准确地完成各项动作，使宠物犬养成良好而稳定的条件反射，主人必须运用一套正确的方法去训练它。

诱导

这是通过宠物犬喜欢的食物去刺激狗狗的能动性，从而激发条件反射的一种手段。这种方法带有引导性，能引起宠物犬的兴奋，尤其是宠物犬见了爱吃的食物，就比较容易兴奋，为了要吃的食物，很愿意配合训练，能够比较快地学会动作，而且做出的动作自然活泼。缺点是这种方法不能保证狗狗在任何情况下都能按要求顺利准确地做好各种动作，尤其是在方法使用不当时，如过分奖食等。

在采用诱导法时，一定要注意把握好使用诱导的时机，应与一定强度的强迫手段结合使用，这样既能保证训练顺利进行，又能保证宠物犬的兴奋性。应当尽量减少训练过程中的干扰，避免宠物犬养成其他不良习惯，尤其是行为中止的恶习。要根据宠物犬的神经类型及特点适当运用训练方法，对于容易兴奋、灵敏的宠物犬应当用这种方法，而对于沉默、安静和不易兴奋的宠物犬要采用另一种方法，不能千篇一律。

强迫

强迫就是采取一种违反宠物本来意志的外来压力，逼迫宠物犬去做什么或不做什么。这种强迫的方法主要是在每个训练科目的初期或者是在外界因素的影响下，预定的训练科目进行不下去的时候使用。使用这种方法时，强迫要适度，威严的口令要与相应强度的机械刺激或奖励组合，但过度的强迫容易引起宠物犬的抑制，影响其对人的依恋性。当宠物犬做出正确的动作时要给奖励，使宠物犬懂得该干什么，不该干什么。使用强迫的方法要做到因狗而异，因训练科目而异，慎重使用，避免产生不良后果。

否定

否定就是为了制止宠物犬的不良行为而采取的一种手段。此种手段对宠物犬的作为表示否定，并加以强制的刺激活动，如宠物犬随地捡食吃或者乱咬人时，主人就应发出"不"的口令，同时使用强有力的机械刺激加以制止，制止要及时，态度要严肃。否定使用的刺激强度必须根据宠物犬的特点区别对待，尤其对幼犬更应注意。

奖励

奖励就是当宠物犬准确地完成了训练动作时，为巩固已经培养成的能力，同时调整宠物犬的神经状态而采取的一种手段。奖励的方法有给食、抚摸和表扬等。对宠物犬的奖励要根据不同情况，采用不同的方法，而且要及时。奖励时主人的态度要和蔼、亲切。

宠物犬训练的基本原则

训练犬是一项需要耐心的事情，宠物犬毕竟是一种智商不是很高的动物，因此训练应当由浅入深，动作由简单到复杂，这样循序渐进才好。

训练犬的注意事项

首先，在驯犬时对犬要亲切，要有耐性，要持之以恒，切勿态度粗暴急躁。你所训练的宠物犬有的可能领会主人的意图比较迟缓，有的狗狗生来就有"反叛"心理，如果某些动作一时教不会，主人就态度暴躁，认为口头教训不如体罚有效，对宠物犬来说，这威胁了它的自身安全，于是就产生了一种逆反心理。这么一来，就失去了原先训练的气氛。

其次，要坚持，不能半途而废，不要希望所有的宠物犬都是天才，对所学的动作也不是教一次就能马上记住的。主人应该有耐心地一遍一遍地教它，直到狗狗学会、做准确为止，切勿中途放弃或迁就。

再次，全家必须制定统一的规则，训犬人只能由一个人担任。在训练宠物狗狗"可做"或"不可做"事情的标准上，要根据各个家庭的不同环境和状况，形成一个统一的标准，不要因多人训练造成口令和要求各异而使宠物犬无所适从。即使几个人训练时，也应前后口令相符，不能任意改变。

最后，口令要使用统一的语言，而且必须简短明了，一般不要超过3个字。

在服从训练中，口令是叫宠物犬听从的信号。全家人要统一口令，这样才能达到很好的效果。如叫宠物犬坐下的时候，是使用"坐下"还是"蹲下"，全家要统一使用同一个口令。

简短、发音清楚的句子，宠物犬比较容易明白，因此要尽量选择这类句子。如果口令太长且复杂，容易使宠物犬混乱不清。训练中如能配合手势和表情则更好。每次训练的时间不要过长，最多不超过 15 分钟，凡做对动作时要及时给予奖励。

肢体的信息强度比口令要强，这就是肢体的信息强度大于口令的原则。例如主人想让宠物犬坐下时，却不小心做出了站立的手势，那么宠物犬很可能不听从主人的口令，而是做出了站立的动作。

了解宠物犬的记忆

宠物狗狗的记忆力是很强的，它的回忆维持的时间不长，但联想记忆惊人，如宠物犬在某地见到此景或此人时，马上会联想起当时的情景，会立即提高警惕，并向惩罚人攻击，所以驯犬者不建议采用体罚，只用宠物犬能接受的方式来训练它，以增强记忆。宠物犬的模仿行为对犬的生活、生存是很重要的，是适应性的一种表现，使宠物犬学会生存和生活的本领。如只要在成犬的带领下，幼犬就能学会狩猎、看家的本领，养成定点排便的习惯。这种模仿行为在宠物犬的饲养管理和训练中都是可以充分利用的。

🐾 宠物犬的记忆

根据宠物犬记忆内容的不同，可把记忆分为形象记忆、运动记忆和情绪记忆。

形象记忆. 形象记忆是将感知过事物的具体形象作为内容的记忆，这些形象可以是视觉的、听觉的、触觉的、嗅觉的、味觉的。如狗狗对主人容貌特征的记忆，就是视觉的；犬在训练中对足迹气味的记忆，就是嗅觉的。

运动记忆. 运动记忆是将过去做的动作或运动作为内容的记忆。在训练中，很多科目是与运动记忆有关的，如狗狗完成的坐、卧或穿越障碍等。在训练形成条件反射时，往往包含形象记忆和运动记忆两个方面。

情绪记忆. 情绪记忆是以体验过的情绪作为内容的记忆。当犬对所处环境或主人的某些行为产生兴奋后，会形成很深的印象，一旦出现类似情况，狗狗就会产生兴奋情绪，这就属于情绪记忆。

🐾 宠物狗狗记忆的特点

记忆是暂时神经联系的形成、巩固和恢复过程，即一定的神经冲动通过一定的通道进入大脑，大脑中听、嗅、视等有关神经元之间反复作用形成暂时的联系，通过巩固作用在大脑皮质上留下的痕迹，这就是记忆保存的过程。这种痕迹在相应的刺激作用下会再度活跃起来，这就是回忆或再认识过程。宠物犬有很强的回忆力和定向力，对自己走过的路、感兴趣的人和物等记忆很清楚。有3种记忆方式：

1. 机械记忆。机械记忆是宠物犬的天赋，能使宠物犬省力、有效、机械地重复过去的活动。

2. 情感记忆。是宠物在特定的条件下重复以前的心理状态，如猎犬见到主人拿枪会表现出狩猎兴奋时的神情。

3. 联想记忆。是宠物犬极其重要的记忆形式，没有这种记忆，许多训练工作就不可能进行。然而有些联想是有益的，有些则是有害的。如训练过程中发出口令"坐""卧"的间隔时间始终为5秒，那么狗的联想记忆记住的不再是口令，而是间隔时间，5秒后狗狗便会自动改变姿势。

训练宠物犬的注意力

对宠物进行训练，最重要的是集中它的注意力，只要注意力集中，教给它的动作很容易学会。但是，如果环境稍微复杂，周围人多并且嘈杂时，宠物犬的注意力很容易被别的新鲜事物所吸引。所以，我们要训练宠物犬将精力集中在主人的脸上，尤其在主人叫它名字的时候。

可采用玩具吸引，玩具是吸引宠物犬注意力的好工具，对于宠物犬特别喜欢的某个玩具，一定要在训练的时候使用。相反，我们使用食物时需要谨慎一些，因为这些美味的食物是许多宠物贪吃的根本原因，要让宠物狗学会通过行动而得到那些食物。

宠物狗狗
行为训练

世界上不会有两只性格完全相同的宠物狗，就算是同一品种，个体间也会存在个体差异。如果仅以犬种的共同性格特征作为考量来选择训练方法，未免有些草率，因而在训练时对不同性格的宠物犬要因材施教，如果能根据宠物狗的性格调配奖与罚的比例、调整训练速度是最好的。

宠物犬性格类型

🐾 胆小型的宠物犬

一般来说，这种宠物犬对于周围环境中的新奇刺激很敏感，反应性太高而稳定度较低，经过多次接触仍不会减退，经常表现出"胆怯"和"颓唐"。这种宠物犬的情绪容易受外界环境的影响，就算有人拿毛巾在它面前摇晃，它也会产生恐惧的情绪，进而产生吠叫或逃跑的行为，甚至对自己主人也不信任。这与宠物狗的灵活性与适应性不良有关。

　　遇到这种宠物，首先要培养它的自信心，并建立它对主人的信赖感。在每次训练前应先让它熟悉环境，训练中主人要设法把它的注意力引到训练项目上来，另外对其进行"减敏训练"是十分有必要的。在训练中一定要采用鼓励的方法，声音和肢体动作都可以夸大些，但绝对不可给予任何形式的处罚，以免爱犬越来越胆小、害怕。

🐾 安静型的宠物犬

　　普遍来讲，这种宠物犬具有较强的忍受性，但思考和灵活性较差，表现得极为安静、随和，攻击性不高，出门时不会横冲直撞。它的服从性和稳定性良好，从心里信任和服从主人，非常听主人的话，常跟着主人来回活动，让主人觉得特别贴心，但也特别依赖主人，对工作繁忙的人而言可能有些黏人。

　　这种宠物狗在训练时应重点培养灵活度和兴奋度，由于其服从性良好，所以只要方法正确，再适当地反复练习，效果便会很好。

🐾 活泼型的宠物犬

这种宠物狗狗灵活性良好，对一切刺激的反应都很快，动作迅速敏捷，但很容易被身边的事物吸引而中断正在做的事情，甚至会不由自主地追随吸引它的事物。在训练时最好选择清静一点、没有可以分散它注意力事物的地方，另外应重点训练宠物犬的注意力。开始训练这种宠物犬时，训练时间可短一些，等其适应后再渐渐增加到正常训练时间，因为这样会拉长训练期，所以主人应更有耐心。若训练方法不当，易产生不良后果，应特别注意训练手段及方法。

🐾 兴奋型的宠物犬

这种宠物犬活泼好动，活动能力强且比较执着，在训练这种宠物时不要急躁冒进，以免引发不良后果。另外，训练它的位阶意识，培养服从性和及时进行社会化是十分重要的。面对这种宠物犬，主人应树立权威。

狗狗的训练基础

（一）了解狗狗的行为。有专门的训练狗狗人员曾给出经验：当狗狗跳到主人的背上，或正面推，或直视主人时，都很可能是在向主人挑战，争夺一家之主的地位。当狗狗把爪子放在主人的膝盖上时，它要表达的是"你在我的统治之下"的意思。如果此时你恰好高兴地摸摸狗狗的头，它就会以为你是在说："我应该服从你，因为你是我的领导。"这样狗狗会更加得意，觉得它是这个家的主人，会很有成就感。

（二）捍卫主人的权威。一个合格的主人，既要好好宠爱狗狗、关心它的身心健康，又不能放任狗狗藐视主人的权威。如果是只胆大包天的狗狗，可能会对你的命令充耳不闻，这就需要你耗费更多的时间来训练它，切忌心软，要知道这一步你若输了，以后就不要指望能将狗狗训练成你的最佳伴侣了。要树立主人的权威，可以从狗狗出生 3 个月后开始。具体做法如下：

① 正视狗狗"以下犯上"的行为。当狗狗跳到你背上或正面推拱时，你可以命令狗狗端正地坐好，或是走开不予理睬，但不要推开狗狗或大声喊叫，更不要和狗狗握手或抚摸狗狗，以免狗狗受惊而伤害到主人，或是藐视主人权威。

② 养成良好的进食秩序。主人吃饭，绝对不能让狗狗同时进食，更不能有意无意地将桌上的美食丢给狗狗。这会让狗狗以后在吃饭时间在桌子旁边打转，如果桌子稍矮，说不定还会自己上桌"吃饭"。

日常行为
训练

幼犬的贪食心理特别明显，所以在训练中常利用食物引诱和奖励幼犬做出我们想要的动作，可是当幼犬随时随地都可以得到食物时，它会不再崇拜自己的主人，认为自己的地位比主人要高。所以对幼犬进行文明采食训练，不仅仅是为了让它学会文明的用餐礼仪，也是为了训练它的服从性。

文明用餐的训练方法

宠物犬天性爱吃，在主人喂食的时候，训练不佳的宠物不等主人允许就冲上去吃，有时还攻击或假装攻击阻拦它的主人。另外，如果家里有两只以上的宠物犬，则很可能发生争抢行为。不能让宠物犬养成想吃就吃的坏习惯，因此文明用餐的训练是十分必要的，一定要选择宠物狗狗最爱的食物，这样才能吸引它，加速它学习的脚步。

🐾 训练步骤

① 让宠物犬乖乖坐好，给它闻一闻手中的食物，若它目不转睛地望着食物，证明它已经被食物吸引。此时将食物高高举过宠物的头顶，若宠物犬想扑食，主人要坚决禁止，直到它坐稳，不然绝不给它吃。

② 把食物放在离宠物犬一步远的地方，如果宠物犬冲过来吃，就把食物拿走，让它知道不是它想吃就能吃的，要听口令。

③ 当宠物犬乖乖坐着，不会冲上来抢吃食物时，要让它等待10秒，之后发出"开饭"的口令，把食物推向宠物犬，并在宠物犬吃食物时及时给予鼓励。

④ 用同样的方式每天训练10次，一个星期左右宠物犬就能学会文明用餐，同时它的忍耐力也提高了。为了使宠物犬不忘记学过的内容，可在每天喂食时也用这个方法。在训练过程中，要注意宠物犬的忍耐力是有限的，开始训练时不要让它等太久，否则可能失去兴趣。

纠正乞食

1. 当宠物犬乞食时，用语气急迫的口令或肢体语言直接制止，等它安静后，让它乖乖坐下。

2. 宠物犬听话坐下后，给它戴上项圈和牵绳，并让它乖乖趴下。

3. 接下来，主人就继续吃饭，若宠物犬见你吃饭就起来，要及时用口令要求它坐下。

4. 如果在主人吃饭过程中，宠物犬还是会乞食或吠叫，主人可以不用理会。

排便训练

狗狗大小便不能定时、定地，不仅给主人带来许多麻烦，而且影响室内卫生，久而久之还会使人产生厌烦情绪，对养犬失去信心。因此，训练犬在室内固定的地点大小便，无论对家庭还是公共场所的卫生都很重要。进行这种训练，要像对待自己的孩子一样，要不怕脏、有耐心，不能操之过急。

🐾 排便训练的时机

从宠物狗来到家的第一天就应当开始训练它在固定时间、地点大小便。由于幼犬在 3 ~ 4 月龄以前，自己控制排便的能力较差，当膀胱充满尿液后，或者遇到刺激和干扰时，就会随地排便。有的幼犬到新主人家中后到处撒尿，实际上是在圈定自己的势力范围，主人应当立即制止这种行为，免得它养成不良习惯。在正常情况下幼犬每天要小便 10 ~ 20 次，大便 4 ~ 5 次。

训练犬大小便一定要掌握时间，一般是在早晨起床、喂食以后或晚上睡觉之前。幼犬在进食后比较容易想上厕所，因此幼犬吃饭后 10 ~ 20 分钟要带它到固定地点，当它有大小便意图时就给予鼓励，时间长了，宠物犬就会明白这是主人喜欢它做的事，吃饭后就会自觉地到这个地点上厕所。一旦宠物犬在你希望的地方上厕所，要给予相应的鼓励和支持，给它心理上的满足。

如果在训练中发现宠物犬在没到达固定地点就已经排泄了，也不要给予过于严厉的处罚，因为在排便训练中应多加强正面回馈、鼓励。

🐾 训练其在便盆内方便

便盆要重一点，以免幼犬无意中碰翻。训练中应注意不能让幼犬便在盆外。若家中有蹲便器，也可利用此方法进行训练。家中没有人时，厕所门不要关紧，应留有幼犬能自由出入的空隙，以便它能顺利地在盆内排便。

训练步骤

1.在厕所内的固定地点放上便盆，在便盆内铺上旧报纸。

2.发现幼犬有排便的意图时，带它到放有便盆的地方，若幼犬此时不想大小便可将它关起来一段时间。

3.幼犬成功大小便后，及时给予它抚摸或食物奖励，让它形成在固定地点大小便的条件反射，并立即更换报纸或清洗便盆。

4.狗狗突然在家尿尿或者滴尿，可能是因为泌尿道感染，无法控制自己排出小便。

🐾 室外大小便训练的方法

1. 每天在同一时间帮幼犬戴上项圈和牵绳，带它出门散步。

2. 设定一个固定的地点让幼犬大小便，如果到达此处时幼犬没有排便，就不要继续向前走。

3. 幼犬开始排便时立即给予语言鼓励，并在排便完成后给予拥抱或抚摸鼓励，让它知道它做对了。

4. 幼犬排便完成后用拾便器和报纸清理一下。

🐾 围栏内的排便训练

1. 让犬在它熟悉的笼内进食。

2. 之后在围栏内铺满报纸，将有了排便意图的幼犬带进围栏内。

3. 幼犬成功在报纸上完成排便后，主人应给予赞美与奖励。

4. 主人可以把上面沾上粪便的报纸丢掉，留下下面带有气味的报纸，以便幼犬下次训练时唤起它在此排便的记忆。

5. 最后将幼犬放出围栏，并用玩具跟它玩耍，让它明白外面有好玩的东西等待着它，应快点完成大小便，这样小狗狗就不会在围栏内玩耍了。

坐下的训练

坐是培养其他能力的基础，也是基础能力的重要组成部分。它分为正面坐和左侧坐两种形式。坐的标准姿势为犬前肢垂直，后肢弯曲，跗关节以下着地，头自然抬起，尾巴自然平伸于地面。狗狗有自然"坐下"的习惯，最初是完全不能领会主人发出"坐下"的口令的，要让宠物狗狗听到"坐下"的口令后能够迅速而正确地做出坐下的动作，而且能坚持一定的时间，就要对它进行训练。

🐾 坐下的训练方法

① 给宠物犬戴上项圈，站在宠物犬面前，让它注视着你。

② 拿一个宠物犬喜爱的食物，在宠物犬能够看到的情况下尽量放在宠物犬的头上。为了吃食物，宠物犬会自然而然地抬头，到了一定程度，身体也会自然坐下，在宠物犬坐下的瞬间要及时发出"坐下"的口令。

③ 如果狗狗还是没坐下，可以用手轻按它的屁股，帮助它坐下。

④ 当宠物犬坐下后就马上把食物给它吃，并给予抚摸、拥抱、赞美等鼓励。

Part 4 内外兼修，争做"绅士淑女"

站立的训练

站立的训练是为了让狗狗能根据主人的指挥，迅速做出站立动作。狗狗正确的站立姿势应是四肢伸直，两前肢处于同一水平线，头自然抬起，尾自然放松。

🐾 训练方法

1. 把狗狗带到一个比较安静的训练场地，命令其坐下。

2. 当狗狗坐下后，右手握住项圈，发出"站"的口令，同时右手轻拉项圈，左手托住狗狗的后腹部，使狗狗站立。

3. 当狗狗站好后，及时给予食物作为奖励，重复训练，直到狗狗听到口令就会自觉地站立起来。

随叫随到的训练

很多主人在户外玩耍时都不敢把狗狗放开，怕其一去不复返，所以在日常生活中还要训练其呼之则来的习惯。这样出门时便可完全放开宠物犬，让它恣意奔跑、自由嬉戏。训练时，要正确使用训练绳，不可缠绕狗狗的腿，以免妨碍狗狗的行动，也不能像拔河一样生拉硬拽，要以抖动的方式有节奏地刺激狗狗，以达到加速犬行动的效果。

🐾 训练方法

1. 先让狗狗坐下，放开手中的牵绳，与狗狗保持 1 米左右的距离。

2. 叫狗狗的名字，引起它的注意，发出"过来"口令。如果狗狗回头看你，并且走到你面前，要给予玩具或食物奖励。

3. 如果狗狗无动于衷，可拉动牵绳引导它回头看你并走过来，当宠物犬走来时也要给予鼓励。

4. 当狗狗过来后，命令它"坐下"，狗狗坐下后也要给予鼓励。

训练挥之则去

　　这项训练的目的是让狗狗听到主人的命令后，马上到达事先指定的目的地，保持站、坐或卧的姿势，并将注意力继续集中到主人的身上。训练时应注意送玩具时要让宠物犬始终坐在原地，如果宠物犬起身活动时，主人要及时制止。当让狗狗注意玩具时，语气要十分肯定。只要狗狗的注意力被玩具吸引，就要及时发出口令，让狗狗跑过去。

🐾 训练方法

① 选择一个狗狗特别喜欢的玩具，放在狗狗的面前，吸引它的注意力。

② 将玩具扔到狗狗可以看到的地方，当狗狗想摆脱你的控制去找玩具时，及时发出"去"的口令，并放开手。

③ 当狗狗跑到玩具前时要及时给予表扬，同时用口令或手控制宠物犬，让其在玩具处保持站、坐或卧的姿势。

当狗狗只听到口令就能完成上述动作后，就可以进行进阶练习了。首先让狗狗坐下，然后把玩具送出前方 4 ~ 6 米的地方。放好玩具后，回到狗狗的身边，之后发出"去"的口令，此时，宠物犬会高高兴兴地跑过去，反复练习几次。再到一个开阔的地方，事先把玩具放在某个地方，然后主人带着宠物狗狗到离玩具 25 米左右的地方，并指向玩具，引起狗狗的注意，当狗狗发现玩具后，发出"去"的口令，让狗狗到玩具那儿去。多次练习后，狗狗一听到口令就会跑到主人指着的地方。

一块散步的训练

为了狗狗的安全，平常有必要训练狗狗在外出时适应主人，调整步态，不横冲直撞，要让狗狗明白散步的节奏和去向是由主人决定的。开始训练时，可以绕圆周进行，当有一定成果后，可以再改绕正方形进行。另外，在此训练中，及时的鼓励也是十分重要的。

🐾 训练方法

1. 让狗狗走在你的左腿旁，给它戴好颈圈和牵绳，右臂放在身体面前，右手紧握绳子，叫狗狗的名字，以吸引它的注意。

2. 当你开始走时，发出"跟着"的口令，并用左手拍打自己的左腿，示意狗狗跟上。如果狗狗听话跟着，则要马上给予口头表扬和食物鼓励。

3. 当狗狗在正确位置与你走了一段之后，主人可以在牵绳放松的情况下，让狗狗走在你的身边。

4. 最后，主人可以解开项圈和牵绳，让狗狗自由玩耍一会儿。

耐心等待的训练

等待训练主要是训练狗狗的定力，也可以训练狗狗的服从性。这样的训练可以让狗狗在一些不适合它进去的地方做到安静等待，不乱跑。

🐾 训练方法

1. 给狗狗戴好颈圈，站在狗狗的面前，让狗狗等待。如果它动了，就重新做一次；如果没动，就给予食物鼓励，直到狗狗可以坚持 2 分钟。

2. 后退 1 到 2 步，重复上一步的训练，之后让狗狗在原地等待，主人来回走动，让狗狗的目光跟着主人的移动而移动。若狗狗仍然可以待在原地等待，就要给予食物鼓励。

帮主人衔取物品

衔取物品是指根据主人的指挥，兴奋而迅速地将物品衔在口中的能力。

绝大多数的狗狗对衔物都十分感兴趣，这是它的原始本能。但是，要使狗狗有目的地在人们指导下去衔物品，则必须经过专门的训练，使其形成听到命令行事的条件反射。但狗狗若因为衔取而被人责怪过，要训练这些狗狗衔取则比较困难，只有较多的鼓励和正确的训练才能克服这些困难。

为保持和提高犬衔取的兴奋性，应选用和更换能令狗狗兴奋的物品，而且训练衔取的次数不能连续太多，狗狗每次正确衔取都应加以充分奖励，及时纠正狗狗在衔取时撕咬、玩耍和自动吐掉物品的毛病，以保持衔物动作的准确性。培养狗狗按主人指挥进行衔取的服从性，应制止随意乱衔乱咬物品的不良习惯。

🐾 训练方法

① 把狗带到一个清静的地方，选择狗狗感兴趣、嘴巴可以承受的玩具持于右手，并在狗狗面前摇晃。

② 当狗狗在引诱下衔住物品时，发出"衔"的口令，并给予奖励。

③ 等待片刻后，主人再发出"吐"的口令，并将玩具取回。当狗狗能衔、吐玩具后，应逐渐减少引诱的动作，使它完全靠口令衔、吐玩具。

④ 接下来，在宠物面前将玩具抛到适当远的地方，指着玩具发出"衔"的口令。

⑤ 如果狗狗不去，主人要引导它前去，并不断重复"衔"的口令。

⑥ 当狗狗在引导下衔住物品时，主人应马上发出"来"的口令唤它回来。当狗狗把玩具衔来后，主人应给予食物鼓励，并让狗狗吐出玩具。

记住"不可以"

　　"不可以"的训练是为了防止狗狗乱咬人、畜、家禽等不良行为，以及使狗狗不随地捡食和不吃陌生人给予的食物，防止意外事故的发生。口令是"非"。

🐾 训练方法

　　1. 选择一个清静环境，预先将食物放在明显的地方，然后让狗狗到这里游荡，并使之逐渐靠近食物。

　　2. 当狗狗有吃食物的表现时，立即用威胁音调发出"不能吃"的口令，并猛拉牵引带。当狗狗停止捡食，应给予抚拍鼓励。

还可将食物放在隐蔽之处，仍采取上述方法进行训练。在近距离内能制止狗狗捡食的不良行为后，即可改用以训练绳进行，直到除去训练绳后狗狗仍能根据口令立即停止捡食的不良行为。除了有意布置食物进行专门训练外，还必须与日常管理结合起来，进行经常性的训练。为了不使狗狗对"禁止"口令的条件反射发生减弱或消退，在以后的训练、使用和日常管理中，仍需适当结合刺激予以强化。

　　狗狗是社会性动物，在群体中具有极强的等级观念。如果身为主人的你不懂得狗狗的意图，或是一味地放任狗狗为所欲为，对狗狗的要求毫不约束、听之任之，等狗狗习惯了这种相处模式，就很可能会认为它是你的领导，而不再将你当作它的主人。这样一来，它就不会听从你的训练和指令，平时训练狗狗的工作也会变得异常困难。

　　所以，主人在训练狗狗之前，也要先了解狗狗的情绪和语言，了解狗狗的行为背后所要表达的情绪，这样在训练时才会更好更快地达到效果。